深层碳酸盐岩岩溶储层
地震资料处理和解释技术

戴晓峰　甘利灯　等著

U0273722

石油工业出版社

内 容 提 要

本书从深层碳酸盐岩岩溶储层的地质特点和需求出发，以高石梯—磨溪深层灯影组碳酸盐岩岩溶储层为主要解剖对象，梳理了地震处理和解释面临的主要问题，针对层间多次波和裂缝—孔隙型碳酸盐岩储层地震预测两个关键难点，介绍了国内外相关技术，全面展示了深层碳酸盐岩岩溶储层地震处理、解释技术取得的技术进展和应用成果，并对存在的问题进行了客观论述。

本书可供油田生产单位、科研院所的技术人员及相关专业学者参考阅读。

图书在版编目（CIP）数据

深层碳酸盐岩岩溶储层地震资料处理和解释技术 /
戴晓峰等著 . —北京：石油工业出版社，2022.5
ISBN 978-7-5183-5387-3

Ⅰ.①深… Ⅱ.①戴… Ⅲ.①碳酸盐岩油气藏 – 储集层 – 地震资料处理②碳酸盐岩油气藏 – 储集层 – 地震资料解释 Ⅳ.①TE344②P539.1

中国版本图书馆 CIP 数据核字（2022）第 091047 号

出版发行：石油工业出版社
（北京安定门外安华里 2 区 1 号　100011）
网　　址：www.petropub.com
编辑部：（010）64222261　　图书营销中心：（010）64523633
经　　销：全国新华书店
印　　刷：北京中石油彩色印刷有限责任公司

2022 年 5 月第 1 版　2022 年 5 月第 1 次印刷
787×1092 毫米　开本：1/16　印张：12.5
字数：320 千字

定价：150.00 元
（如出现印装质量问题，我社图书营销中心负责调换）

序 /PREFACE

地球深部拥有丰富的矿产资源，也是地球科学领域在理论、技术与资源利用上尚未开垦的处女地，习近平总书记曾强调："向地球深部进军是我们必须解决的战略科技问题。"随着国民经济的快速增长，中国对包括油气在内的矿产资源需求量很大，矿产和油气资源的安全保障压力越来越大，开发利用深部资源是必然趋势。据多家权威机构预测，中国几大沉积盆地深层—超深层拥有丰富的油气资源，资源探明率极低，是石油工业未来发现新资源和实现增储上产的重大接替领域。加强深层油气资源勘查、最大限度开发利用深层油气资源，是夯实中国油气资源供给基础地位、提升油气保障能力的关键。

碳酸盐岩是深层油气勘探发展的重要接替领域。第四轮全国油气资源评价表明，海相碳酸盐岩油气资源量大于 $200 \times 10^8 t$ 油当量，其中与不整合面有关的风化壳岩溶储层是碳酸盐岩油气藏的主要储层类型。近些年，相继在四川、鄂尔多斯、塔里木、华北及渤海湾等盆地发现了众多与碳酸盐岩风化壳有关的大型和特大型岩溶古地貌油气藏，包括靖边、安岳、塔河等大油气田，表明碳酸盐岩储层蕴藏着丰富的油气资源，是中国今后储量、产量增长的重要领域。

深层油气勘探离不开地震勘探技术的进步与帮助，这是地质家客观认识地下勘探对象的"眼睛"。与国外相比，中国陆上深层碳酸盐岩岩溶储层的埋藏深度大、时代老，非均质性强，目标成像难度大，分辨率低，导致油气勘探面临高风险、高难度和高投入等挑战。寻找相对优质、规模较大的有效储集体是提高深层勘探效益的关键，开展深层油气地震资料处理和解释技术的研究和攻关，具有重要意义。自1964年在四川盆地威基1井发现威远气田之后，经过50多年探索，震旦系灯影组一直未能获得新突破。直到近些年，随着深层地震资料采集品质、处理和解释技术的提高，圈闭、储层的识别和描述精度大为改善，2011年高石1井在震旦系获得重大突破，发现了整装、储量规模巨大的安岳碳酸盐岩气田，并建成了年产百亿立方米的大气田。其中，高精度地震资料采集、处理和解释技术进步对安岳气田的发现功不可没。

地震技术攻关要坚持问题导向。安岳气田灯影组气藏发现后，评价勘探遇到挑战，发现灯影组合成地震记录与实际地震资料存在严重不匹配的问题，致使高产井地震响应不明确，地震储层预测精度不高，严重影响了气藏开发。面向实际生产需求，中国石油勘探开发研究院组建了地震技术创新攻关团队，开展了有针对性地震勘探技术攻关。研究团队从实际问题分析出发，加强基础研究，围绕关键问题开展有针对性的研发，形成了处理解释一体化的层间多次波识别与压制技术和岩溶储层定量解释技术，有效改善了深层地质目标的成像精度，提高了碳酸盐岩岩溶储层预测精度，灯影组岩溶储层预测精度在原有水平提高了 20% 以上，克服了强反射屏蔽下岩溶储层预测多解性强的难题，在前人资料盲区和技术盲区内实现重大突破。

总体看，该书是直接从事四川盆地深层碳酸盐岩储层与气藏有效成像、识别与勘探面对突出问题破译的主要贡献者们在成功实践基础上的理论总结和升华，是技术创新与生产紧密结合的成功范例，书中一些成功案例的介绍很有借鉴意义，相信本书所形成的特色和配套技术，对中国物探技术发展以及陆上深层油气勘探开发将起到积极推动作用，是一本很有参考价值的专著。

中国工程院院士

前言 /FOREWORD

碳酸盐岩岩溶储层是重要的油气储层类型。岩溶储层孔隙空间复杂、非均质性强，使得勘探开发井位部署对地震预测依赖很大。中国碳酸盐岩岩溶储层普遍具有"地层埋藏深、储层物性差、地震信号弱"的特点，地震资料更容易受到噪声干扰的影响，往往成像质量不高、信噪比低、储层预测多解性强。以四川盆地最为典型，深层地震资料存在与多口井合成记录匹配不好、储层地震响应模式难以建立等问题。

面向深层碳酸盐岩岩溶储层勘探开发对地震资料和技术的需求，依托于中国石油科技项目"物探重大技术现场试验与集成配套"和"川中古隆起灯影组储层预测技术研究"，历经六年技术攻关，在地震资料处理和储层预测等方面取得多项创新性技术成果和认识，并在四川盆地多个工区取得良好应用效果。

本书对上述技术攻关成果进行了深入分析和总结，用七个章节详细介绍了深层岩溶储层地震勘探的难点和关键解释技术。第一章概述了岩溶储层特点、勘探开发现状，由甘利灯、戴晓峰等人撰写。第二章主要介绍了层间多次波识别和预测技术，由戴晓峰、甘利灯、杨昊、徐右平、胡天跃等人撰写。第三章介绍了层间多次波处理解释一体化压制技术，由戴晓峰、徐右平、刘卫东、胡天跃等人撰写。第四章介绍了岩溶储层地震属性分析技术，由张明、于永才、周晓越、杜文辉等人撰写。第五章介绍了岩溶储层地震反演方法，由戴晓峰、甘利灯、魏超、李新豫等人撰写。第六章介绍了岩溶储层裂缝预测与表征技术，由甘利灯、周晓越、戴晓峰等人撰写。第七章介绍了两个岩溶油气藏地震处理解释研究实例，分别包括各自地质情况、主要问题、关键技术和应用效果，由李艳东、甘利灯、姜晓宇、隆辉等人撰写。第一个实例为塔里木哈拉哈塘奥陶系碳酸盐岩储层，代表了典型的岩溶油藏，主要介绍了大型缝洞体油水检测技术及应用效果；第二个实例为四川 GS1 井区震旦系碳酸盐岩储层，代表典型的岩溶气藏，主要介绍了弱信号、宽方位处理、优质储层预测与高产井评价的技术应用效果。

本书内容是在中国石油勘探开发研究院油气地球物理研究所科研团队长期攻关基

础上形成的，参与撰写的执笔人只是部分代表，其中一些图件来自孙夕平、宋建勇、王兴等作者共同研究的科研成果。技术现场应用研究得到了西南油气田肖富森、吕宗刚、陈康、张旋、杜本强、隆辉、李军、唐廷科、耿超、江林等相关领导和技术专家的支持和帮助。在本书的撰写过程中，还得到了北京大学胡天跃、青岛大学李钟晓等专家的支持和指导。在该书即将出版时，谨向每一位研究和工作人员表示由衷感谢！

　　由于著者水平有限，书中难免出现不妥之处，敬请广大读者批评指正。

目录 /CONTENTS

第一章 概　　述

本章对岩溶储层类型和勘探开发现状进行概述。在此基础上，以四川盆地安岳气田为例，简单介绍灯影组气藏地质概况及勘探开发进程，分析岩溶储层的地质背景、地震勘探条件和地震勘探难点，针对性地提出地震处理和解释的技术对策，简要介绍取得的相应技术进展及成果。

第一节　岩溶储层分类

碳酸盐岩作为重要的油气储层类型，全球天然气 45% 的可采储量和 60% 的产量均发育在碳酸盐岩中，受其物理化学性质影响，超过 80% 的碳酸盐岩油气藏探明储量的储层成因与岩溶有关。

《岩溶学词典》对岩溶作用的定义为：水对可溶性岩石（碳酸盐岩、硫酸盐岩等）的化学溶蚀、机械侵蚀、物质迁移和再沉积的综合地质作用及由此所产生现象的统称。岩溶为地质学和地貌学的专业术语，特指地表剥蚀和峰丘地貌。近几年，国内学者将岩溶作用的定义作了更多延伸，使其范畴更广，包括同生期或准同生期水及埋藏期热液对碳酸盐岩的溶解作用。岩溶储层指在岩溶作用下，形成规模不等的溶孔、溶洞及溶缝相关的储层。

传统意义上的风化壳岩溶储层都与明显的地表剥蚀和峰丘地貌有关，或与大型的角度不整合有关，岩溶缝洞沿大型不整合面或峰丘地貌呈准层状分布，集中分布在不整合面之下 0~50m 的范围内，最大分布深度可以达到 200~300m（Lohmann，1988；郑兴平等，2009）。自 20 世纪 70 年代末任丘碳酸盐岩潜山大型油气田发现以来，勘探界和学术界习惯以"潜山岩溶"来定义和描述这类岩溶储层。

近些年来，随着勘探突破和进步，对碳酸盐岩勘探储层类型、圈闭类型又有了新的发现和认识，岩溶型碳酸盐岩储层类型更加多样化。除了暴露面（不整合面），在断裂和斜坡背景控制下也形成岩溶作用、发育岩溶缝洞。各位学者对此进行研究，提出了新的分类。赵文智等（2013）系统分析塔里木盆地、四川盆地和鄂尔多斯盆地后，提出了中国岩溶储层分类及定义，将岩溶分为潜山区（风化壳）和内幕区两个亚类（表 1-1-1）。

综上所述，岩溶储层虽都由同一个成因形成，但受到原岩、改造类型、地层组合差异的影响，各种岩溶储层仍然具有较大的地质特征差异，也相应衍生出不同的地震特点、技术难点和关键技术。受篇幅和水平限制，难以兼顾所有。因此，按照《岩溶学词典》的定义，本书所述岩溶储层主要指碳酸盐岩风化壳岩溶储层，其后章节如无特殊说明，岩溶储层均指"碳酸盐岩风化壳岩溶储层"。

表 1-1-1　塔里木盆地、四川盆地和鄂尔多斯盆地岩溶储层分类（据赵文智等，2013）

岩溶储层亚类	岩溶储层次亚类	定义	实例
潜山（风化壳）岩溶储层	石灰岩潜山岩溶储层	分布于碳酸盐岩潜山区，与中长期的角度不整合面有关，准层状分布，围岩为石灰岩，峰丘地貌特征明显，潜山岩溶作用时间早于上覆地层、晚于下伏地层的形成时间，上覆地层为碎屑岩层系	轮南低凸起奥陶系鹰山组
	白云岩风化壳储层	分布于碳酸盐岩潜山区，与中长期的角度不整合面有关，准层状分布，围岩为白云岩，地貌平坦，峰丘特征不明显，潜山岩溶作用时间早于上覆地层、晚于下伏地层的形成时间，上覆地层为碎屑岩层系	①靖边奥陶系马家沟组五段；②牙哈—英买力寒武系白云岩；③龙岗三叠系雷口坡组
内幕区	层间岩溶储层	分布于碳酸盐岩内幕区，与碳酸盐岩层系内部中短期的平行（微角度）不整合面有关，准层状分布，垂向上可多套叠置，层间岩溶作用时间介于上覆地层和下伏地层的形成时间	塔中北斜坡奥陶系鹰山组
	顺层岩溶储层	分布于碳酸盐岩潜山周缘具斜坡背景的内幕区，环潜山周缘呈环带状分布，与不整合面无关，顺层岩溶作用时间与上倾方向潜山区的潜山岩溶作用时间一致，岩溶强度向下倾方向逐渐减弱	塔北南斜坡奥陶系鹰山组
	断裂控制型岩溶储层	分布于断裂发育区，尤其是背斜的核部，与不整合面及峰丘地貌无关，没有地层的剥蚀和缺失，受断裂控制导致缝洞发育跨度大，沿断裂呈栅状分布，断裂诱导岩溶作用时间发生于断裂形成之后	英买1-2井区奥陶系一间房组—鹰山组

第二节　中国岩溶储层勘探开发现状

全世界油气勘探与开发证明，许多含油气盆地均发育碳酸盐岩风化壳油气藏。据统计，20%～30% 的油气与不整合面有关，并且主要与风化壳有关，风化壳岩溶储层是碳酸盐岩油气藏的主要储层类型之一。

中国与不整合面有关的碳酸盐岩风化壳、岩溶储层也普遍发育。近些年以来，众多与碳酸盐岩风化壳有关的大型、特大型岩溶古地貌油气藏相继在四川盆地、鄂尔多斯盆地、塔里木盆地、华北盆地及渤海湾盆地被发现。当前，中国油气可采储量排名前三的古生界海相碳酸盐岩大油气田包括靖边、安岳和塔河，它们都是岩溶型油气藏。其中，鄂尔多斯盆地靖边气田下古生界气藏和四川盆地安岳气田震旦系气藏是中国已探明最整装、储量规模最大的岩溶风化壳型碳酸盐岩气藏，预示着碳酸盐岩风化壳岩溶油气藏将在中国今后的油气田勘探开发领域中占据十分重要的地位。

靖边气田是中国首个探明发现并成功投入开发的特大型岩溶风化壳型碳酸盐岩气田，位于鄂尔多斯盆地中部、中央古隆起东北侧靖边—横山一带。早古生代奥陶纪末，加里东运动使得鄂尔多斯盆地整体抬升，经受了长达 1.5 亿年的沉积间断，不但使盆地大部分地区缺失了中—上奥陶统至中—下石炭统的沉积地层，而且使下奥陶统碳酸盐岩经历了长期的风化剥蚀和淡水淋滤，形成了特殊的岩溶古地貌及岩溶储层，分布面积达 $2 \times 10^4 km^2$，为大型岩溶古地貌油气藏发育创造了良好的地质条件。靖边气田主要的产气层为奥陶系，储层岩性单一，主要以泥—细粉晶白云岩为主，为低渗透、低丰度、低产大型复杂气藏。靖边奥陶系天然气藏，天然气储量规模达万亿立方米，已探明含气面积 $4500 km^2$，截至 2018 年，探明天然气地质储量近 $5000 \times 10^8 m^3$，排名全球第 57 位大气田（张玮，2018）。从 1989 年发现至今，气田开发经历了开发前期评价、开发试验、探井试采、规模开发和气田稳产开发等阶段，目前处于稳产开发阶段，是长庆气区的主要气田之一，也是长庆油田年产油气 $6 \times 10^7 t$ 油当量持续稳产的强力支撑。

四川盆地安岳气田震旦系气藏是中国开发层系最古老、气藏特征最复杂、储量规模最大的整装风化壳型碳酸盐岩气藏。震旦系灯影组白云岩，在桐湾多幕运动影响下，受到风化壳岩溶的改造形成不同尺度孔、缝、洞等复杂介质的优质岩溶储层，并呈大面积分布（达 $7500 km^2$）。克拉通内裂陷烃源岩生成的液态烃通过不整合面及断层面向古隆起高部位的安岳地区运移聚集，受裂陷内巨厚泥岩侧向封堵，形成了大型古油藏。截至 2020 年 12 月底，该气藏累计探明地质储量达 $5900 \times 10^8 m^3$。气藏埋藏深度介于 5000～5500m，地层温度介于 147.69～159.10℃，地层压力介于 56.65～59.08MPa，压力系数介于 1.07～1.09，属于超深层高温常压气藏。当前已建成年产天然气 $60 \times 10^8 m^3$ 的生产能力，累计产出天然气 $103.0 \times 10^8 m^3$，安岳气田震旦系灯影组气藏一跃成为该盆地常规天然气上产的主力军（谢军等，2021）。

塔里木盆地塔河油田是目前中国已开发的储量和产量规模最大的碳酸盐岩岩溶油藏。塔河油田位于塔里木盆地北部沙雅隆起阿克库勒凸起的西南斜坡上，该凸起在海西早期受区域性挤压快速抬升，形成向西南倾伏的北东向展布的大型鼻凸，使凸起主体缺失泥盆系、志留系及上奥陶统，中奥陶统也受到不同程度的剥蚀。奥陶系经过长期的风化淋滤作用，形成大面积非常发育的岩溶潜山（丘）带（区）。储集体受岩溶发育深度的明显控制，在纵向上有两个主要发育带：一是风化面附近的地表岩溶—渗流岩溶带上部；二是潜流岩溶带，主要缝洞发育大多位于风化面以下 200m 的范围内。塔河油田具有储量大（$13.2 \times 10^8 t$）、埋藏深（5350～6450m）、成藏期次多、呈大面积连片含油等特点，非均质性极强。奥陶系鹰山组和一间房组是塔河油田主要的油气产层，自 1990 年发现以来，至 2017 年累计探明储量达 $14 \times 10^8 t$，已经具有 20 多年的开发历史，显示了极强的油气勘探开发潜力（康玉柱，2005）。

从海相碳酸盐岩层系的剩余油气资源潜力及近几年的勘探实践看，中国陆上海相碳酸盐岩正处于大油气田发现高峰期，勘探潜力很大，将是当前油气勘探开发和增储上产的重要领域之一。其中，中国陆上海相碳酸盐岩岩溶油气藏主要分布在塔里木、四川和鄂尔多斯三大克拉通盆地，尤其是塔里木盆地的台盆地区、四川盆地的中三叠统及其以下各层系和鄂尔多斯盆地下古生界都有发现大油气田的巨大潜力和良好前景。

第三节　中国岩溶储层主要地质特点

一、普遍时代老、埋藏深、多数物性较差

除南海、青藏地区外，中国海相碳酸盐岩具有时代古老和埋深巨大的特点。时代多以中、新元古界和中生界偏中下部层系为主，位于叠合沉积盆地的深层，如塔里木盆地寒武系—奥陶系，鄂尔多斯盆地下奥陶统，四川盆地震旦系，古生界和三叠系等。碳酸盐岩埋深普遍大于 4500m，集中分布在 5000～7000m 之间，远超过其他地区碳酸盐岩油气田的埋深。例如，塔里木碳酸盐岩缝洞型油藏，平均埋深已超过 5300m，处于最底层油层的深度甚至已达到 8000m。

随着埋藏深度增大，储层孔隙度总体逐渐降低。对于埋深类似的储层而言，储层的孔隙度随时代的变老而逐渐减小。因此，中国古生界海相碳酸盐岩与国外储层比较而言，总体的物性比国外的海相碳酸盐岩含油气盆地差一些。

二、储层孔隙空间复杂、非均质性强

岩溶作用往往形成规模不等的溶孔、溶洞及溶缝。除了受风化侵蚀之外，后期成岩改造强烈，造成碳酸盐岩油气藏具有储层横向变化大，储集空间成因复杂、类型多（孔缝洞）、差异大、组合关系复杂、成藏类型多等特点。

以蜀南地区下二叠统茅口组岩溶储层为例，其岩性以生屑砂屑灰岩、泥晶灰岩及眼球状灰岩为主，基质孔隙度低于 2%，渗透率小于 0.08mD。受东吴期表生岩溶作用影响，形成大量溶蚀孔洞，包含裂缝—孔洞型、孔隙—孔洞型、裂缝型、裂缝—洞穴型四种类型岩溶储层。缝洞体规模大小悬殊，大者横向连通范围可达 2km，小者仅有数十米，相差可达五个数量级，具有极强的非均质性。如蜀南纳 6 井茅口组在钻井时未见任何缝洞显示，但在侧钻只相距 12m 的同一地层时，钻时明显降低，井漏、放空 2.25m，最终井喷获得较大的天然气储量。

三、大面积分布，且集中于不整合面附近

马永生等（2017）对中国海相碳酸盐岩的分布研究认为，不整合面是控制岩溶发育的重要因素。发现的碳酸盐岩大油气田最大的特点是含油气面积大、储量丰度较低，但总体储量规模大。如靖边、塔河、和田河、哈拉哈塘等油气田，受风化壳储层控制，沿侵蚀基准面呈薄层状大面积分布。平面上众多油气藏呈集群式分布，单体规模不大，但总体规模大，如塔河油田，发育数百个大、中、小型缝洞单元，它们构成了 100 个储油单元，平均面积达 28km²，平均规模小于 1000×10^4t，但含油面积达 2800km²，探明储量超 10×10^8t。

岩溶储层集中发育于不整合面之下有限的范围内。金之钧（2011）对塔河 392 段洞穴层距海西早期不整合面距离分布统计，约 64% 的洞穴层距海西早期不整合面距离在 110m 以内，28% 在 110～240m 以内，只有 8% 超过 240m。

第四节 安岳气田灯影组岩溶储层概况

四川盆地安岳气田震旦系灯影组气藏储层为典型的碳酸盐岩岩溶储层。由于储层埋藏深、非均质性强、孔洞尺度小，地震资料和技术面临巨大挑战，因此把它作为主要研究工区，开展深层碳酸盐岩岩溶储层地震处理和解释攻关。其他陆上克拉通盆地（塔里木和鄂尔多斯）地下地质条件基本和四川盆地相似，本书不再进行详细讨论。

一、盆地地质背景

四川盆地位于四川省龙门山断裂以东及重庆市境内，在构造位置上属于扬子地台上的一个次级构造单元，面积约 $18 \times 10^4 km^2$。该盆地是在晋宁运动结束和地槽演化期形成的结晶杂岩—变质岩基底上，由震旦纪—中三叠世碳酸盐岩台地层序、晚三叠世前陆层序和侏罗世—始新世内陆凹陷层序组成的一个大型海相—陆相叠合盆地。震旦系—中三叠统以海相碳酸岩为主，夹碎屑岩，全盆地广泛分布，地层总厚度为 4000～7000m，碳酸盐岩地层厚 3000～5000m；上三叠统—第四系属陆相碎屑岩沉积地层，厚 3500～6000m。

如图 1-4-1 所示，四川盆地海相层系具有多层烃源层发育、成藏组合多、产层多的特点。下寒武统、下志留统、下二叠统和上二叠统四个海相烃源层系呈广覆式分布。

四川盆地是一个典型的叠合含油气盆地，经历了多旋回构造运动及多类型盆地的叠加改造，受古沉积、古气候和古构造作用，围绕四个烃源层形成多层系风化壳型岩溶储层含油气的特点，包括下三叠统飞仙关组、上二叠统长兴组、中二叠统茅口组、石炭系、寒武系龙王庙组、震旦系灯影组等，目前已在其中发现数十个气田（气藏）。近年来，四川盆地海相碳酸盐岩领域不断取得新的重大发现，已经成为中国天然气勘探开发极其重要的基地。

其中，乐山—龙女寺古隆起是四川盆地形成最早、规模最大、剥蚀幅度最大、覆盖面积最广的巨型隆起，对深层下古生界和震旦系岩溶储层形成、油气成藏具有重要影响和明显控制作用，一直以来都被地质家认为是震旦系—下古生界油气富集的有利区域。以志留系全剥蚀区估计，古隆起面积达 $6.25 \times 10^4 km^2$；以寒武系底界海拔 6000m 构造线估计，盆地内古隆起南北宽 120～200km，东西长 350km，面积达 $5.43 \times 10^4 km^2$（图 1-4-2）。

二、安岳气田高石梯—磨溪灯影组气藏概况

安岳气田高石梯—磨溪（以下简称高—磨）灯影组气藏位于四川盆地川中古隆起平缓构造区的威远—龙女寺构造群，南与川南古坳中隆低陡穹形带相接，东临川东古斜中隆高陡断褶带，北与川北古中坳陷低缓带相接，西临川西中新坳陷低陡带（图 1-4-2）。

1.研究区构造背景

1）震旦纪—早寒武世发育德阳—安岳台内裂陷

上扬子地块在晋宁运动之后，四川盆地演化进入克拉通盆地阶段，新元古代受 Rodinia 超大陆裂解的影响，上扬子克拉通盆地发生板内拉张活动及构造热事件，震旦纪区域性大陆裂谷作用结束，进入克拉通内裂陷演化阶段，为德阳—安岳台内裂陷的发育提供了区域地质背景。

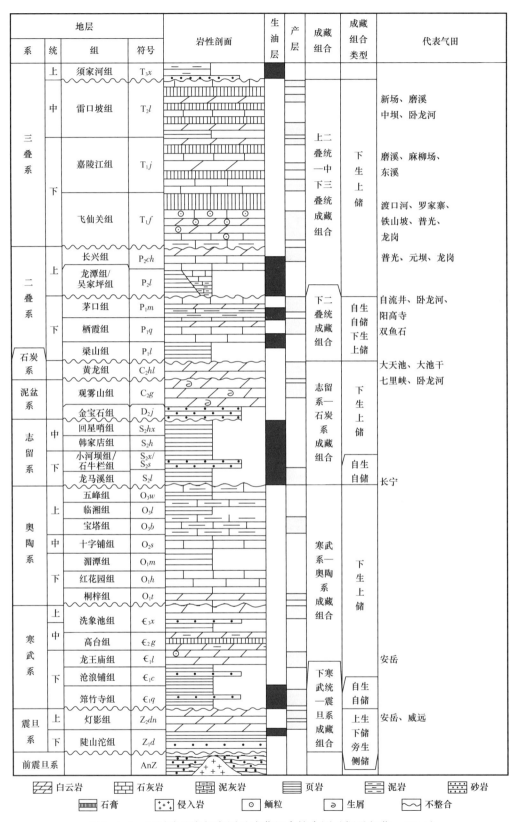

地层				岩性剖面	生油层	产层	成藏组合	成藏组合类型	代表气田
系	统	组	符号						
三叠系	上	须家河组	T_3x				上二叠统—中下三叠统成藏组合	下生上储	新场、磨溪中坝、卧龙河
	中	雷口坡组	T_2l						
	下	嘉陵江组	T_1j						磨溪、麻柳场、东溪
		飞仙关组	T_1f						渡口河、罗家寨、铁山坡、普光、龙岗
二叠系	上	长兴组	P_2ch				下二叠统成藏组合	自生自储下生上储	普光、元坝、龙岗
		龙潭组/吴家坪组	P_2						
	下	茅口组	P_1m						自流井、卧龙河、阳高寺双鱼石
		栖霞组	P_1q						
		梁山组	P_1l						
石炭系		黄龙组	C_2hl				志留系—石炭系成藏组合	下生上储	大天池、大池干七里峡、卧龙河
泥盆系		观雾山组	C_2g						
		金宝石组	D_2j						
志留系	中	回星哨组	S_2hx					自生自储	长宁
	下	韩家店组	S_2h						
		小河坝组/石牛栏组	$S_2x/$ S_2s						
		龙马溪组	S_2l						
奥陶系	上	五峰组	O_3w				寒武系—奥陶系成藏组合	下生上储	
		临湘组	O_3l						
		宝塔组	O_3b						
	中	十字铺组	O_2s						
	下	湄潭组	O_1m						
		红花园组	O_1h						
		桐梓组	O_1t						
寒武系	上	洗象池	ϵ_3x						
	中	高台组	ϵ_2g						安岳
	下	龙王庙组	ϵ_1l						
		沧浪铺组	ϵ_1c				下寒武统—震旦系成藏组合	自生自储	
		筇竹寺组	ϵ_1q						
震旦系	上	灯影组	Z_2dn					上生下储旁生侧储	安岳、威远
	下	陡山沱组	Z_1d						
前震旦系			AnZ						

图例：白云岩　石灰岩　泥灰岩　页岩　泥岩　砂岩
石膏　侵入岩　鲕粒　生屑　不整合

图 1-4-1　四川盆地海相产层及成藏组合综合图（据马新华，2019）

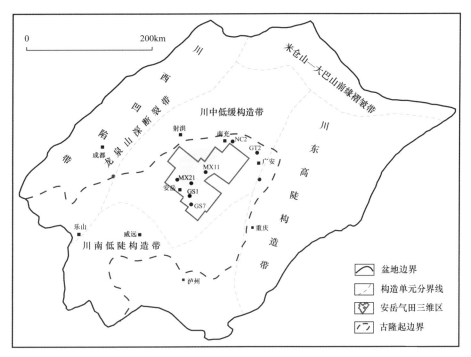

图 1-4-2　四川盆地构造分区及安岳气田位置图

地震剖面揭示，德阳—安岳台内裂陷分布受断裂控制，裂陷内部及两侧发育张性断层，表现为一个受张性断层控制的大型台内裂陷特征。裂陷内外地貌差异大，断陷内的地貌低洼，两侧的地貌高。边界断层断距大，纵向上，震旦系及下寒武统筇竹寺组断距最大，具同沉积断层特征，除边界断层外的多数断层消失于龙王庙组（图 1-4-3）。

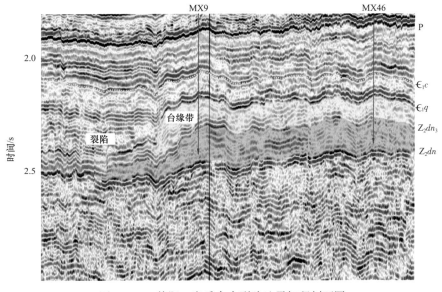

图 1-4-3　德阳—安岳台内裂陷地震解释剖面图

受德阳—安岳台内裂陷发育影响，灯影组沉积期沉积分异明显。裂陷区内发育深水陆棚沉积，充填厚度较薄的泥质岩。裂陷侧翼的台缘带有利于丘滩体沉积，是灯影组储层发育最有利地区，如磨溪地区灯四段丘滩体累计厚度达 200～300m。

德阳—安岳裂陷控制了下寒武统优质烃源岩的生烃中心。主力烃源岩是下寒武统筇竹寺组，是一套广覆式分布的烃源岩，盆地内部分布面积可达 $17 \times 10^4 km^2$，厚度为 50～450m。其烃源岩最厚值区位于德阳—安岳裂陷，厚度可达 300～450m，为裂陷侧翼的灯影组提供了充足的烃源。

由于沉积及后期剥蚀原因，由台缘带向裂陷区灯影组四段由厚到薄，直至剥缺，因而形成了条带状分布的地层型圈闭群。由于德阳—安岳裂陷内充填巨厚的下寒武统泥质岩，为裂陷内两侧灯四段地层圈闭的油气聚集提供了良好的侧向封堵条件，使得裂陷东翼的灯影组储层大面积含气。

2）桐湾运动及影响

桐湾 I、II 幕分别造成了灯二段、灯四段遭受风化侵蚀，形成缝洞型储层。其中，桐湾 I 幕发生在灯二段沉积期末，上扬子大部分地区有表现，持续时间相对较短；桐湾 II 幕发生在震旦纪末，上扬子大部分地区震旦系/寒武系假整合接触，持续时间达 10Ma。桐湾期岩溶古地貌分布范围远超出了现今的四川盆地，目前的钻探资料已经揭示出灯影组二段、四段岩溶储层具有大面积分布的特点，无论是在岩溶斜坡还是在岩溶高地，岩溶储层均有发育。

3）古隆起的形成及演化

从乐山—龙女寺大型古隆起核部向斜坡，剥蚀出露地层依次为震旦系、寒武系、奥陶系、志留系，沿不整合面风化壳发育岩溶型储层。加里东运动形成了古隆起的宏观构造格局，为后期构造变动中古隆起的继承性发展奠定了基础。

海西期，古隆起继续发展，隆起范围向东部发展，同时古隆起轴线向东南发生偏移，资阳—遂宁地区逐步发展成为古隆起东段轴部中心。

印支—燕山期古隆起西段强烈调整，东段持续稳定发展。盆地西北部埋深持续加大，隆起西段轴部明显向东南迁移，高部位由资阳地区逐步转移至威远地区；安岳地区所在的古隆起东段持续稳定发展，始终处于古隆起轴部高部位。

喜马拉雅期乐山—龙女寺古隆起最终定型。该期印度板块与欧亚板块碰撞形成的侧向挤压作用使得该古构造幅度剧烈增加，威远—资阳地区为古隆起的最高部位，震旦系顶界埋深最浅处小于 2500m。该期运动结束后，乐山—龙女寺古隆起最终定型，轴线位于乐山—龙女寺一线，呈北东向展布。

乐山—龙女寺古隆起虽经历了调整、改造，但总体上继承性发育，为油气的运聚奠定了基础。安岳地区长期处于古隆起东段轴部高部位，构造变形较弱、古今构造部位相叠合，配合广泛分布的岩溶缝洞储层，是油气聚集成藏的有利区。

2. 现今构造特征

地震构造解释灯影组顶构造格局总体轮廓表现为一个发育在乐山—龙女寺古隆起背景上的北东东向鼻状隆起，由西向北东倾伏，南缓北陡，构造呈多排、多高点的复式构造特征，由北向南主要发育三排近平行的潜伏高带（图 1-4-4）。

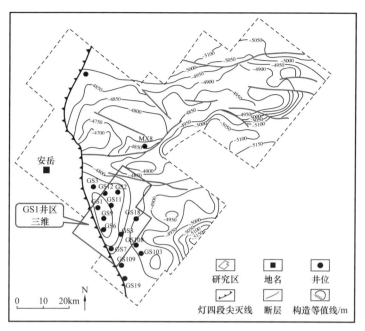

图 1-4-4　安岳气田灯影组顶构造井位图

北部为磨溪—龙女寺潜伏带，是规模最大的潜伏构造高带，主轴轴向北东东向，北翼缓、南翼陡，长度为 86km，构造宽度为 29km，圈闭面积为 1770km²。磨溪潜伏构造总体处于平缓带上，断裂相对发育，从而形成多个构造高点。中部为高石梯潜伏构造带。构造主轴轴向近南北向，长度为 25.5km，构造宽度为 14.8km，构造圈闭主高点位于 GS1 井附近。在高石梯潜伏构造和磨溪潜伏构造之间由一条横贯构造的北东东沟槽相隔，造成二者总体走向不同。高—磨主体构造南部为荷包场潜伏构造。

研究区构造运动以升降运动为主，褶皱不强烈，高—磨区块寒武系底界构造平缓，局部断层较发育，走向大多为北东向，具有走滑特征。

3. 地层划分和特征

安岳气田震旦系上统灯影组为大套纯质白云岩，与上覆地层下寒武统筇竹寺组为假整合接触，下伏地层为陡山沱组，区内灯影组厚度介于 200～800m，根据岩性组合、电性特征自下而上划分为四段（表 1-4-1）。

灯一段又简称为"下贫藻段"，岩性以泥晶、粉晶云岩为主，夹有藻白云岩和颗粒白云岩。灯二段简称为"富藻段"，岩性主要为由微生物（蓝菌藻）参与建造的具团块状、凝块状、斑马状等构造的藻云岩类和代表高能滩沉积的颗粒云岩类。研究区内灯一段和灯二段为连续沉积，岩性分界特征不明显，在电学性质上灯一段自然伽马值相对较高，下部曲线显示出大齿状特征；灯二段自然伽马值相对较低，曲线呈小齿状。

灯三段与灯四段也为连续整合沉积，但灯三段受陆源碎屑的影响，岩性以深灰色–蓝灰色泥页岩、砂质云岩或云质砂岩等混积碳酸盐岩为主，自然伽马值较高，曲线呈大齿状，在界线处以自然伽马快速降低为界。

表 1-4-1 安岳气田高一磨区块震旦系地层简表（据施开兰，2016）

表 1-4-1 安岳气田高一磨区块震旦系地层简表（据施开兰，2016）

地层				厚度/m	岩性与生物特征	电性特征
系	统	组	段			
寒武系	下统	筇竹寺组		160~750	黑灰色碳质、粉砂质页岩	极高的自然伽马值和低电阻率
震旦系	上统	灯影组	灯四段	240~350	凝块石云岩夹纹层状云岩，夹砂屑云岩、泥质云岩，含硅质、藻类发育	伽马低值，曲线近乎平直，偶夹小齿状；电阻率高值，齿状
			灯三段	50~100	深色泥页岩和蓝灰色泥岩，夹白云岩、凝灰岩	伽马高值，曲线呈大齿状；电阻率低值，曲线呈小齿状
			灯二段	440~520	上部微晶白云岩，下部葡萄—花边构造藻格架白云岩发育	伽马低平，夹小齿状；电阻率高值，齿状
			灯一段	20~70	含泥质泥—粉晶白云岩、藻纹层云岩，少至菌藻类，局部含膏盐岩	伽马较高值，曲线下部大齿状；电阻率曲线低平或齿状
		陡山沱组		10~200	黑色碳质页岩夹白云岩及硅质磷块岩，局部含膏盐	自上而下伽马值逐渐增大，电阻率值逐渐减小，波动幅度小

灯四段沉积环境与灯二段类似，岩性上以藻云岩类和颗粒云岩类为主，自然伽马值相对较低（5~40API），曲线近乎平直，呈小齿状，顶部普遍存在 GR 高值段，其上覆与下寒武统筇竹寺组呈平行不整合接触。灯四段白云岩与上覆筇竹寺组泥页岩岩性界面清晰，测井曲线上，顶界面以上筇竹寺组泥页岩自然伽马值急剧增大、电阻率值显著降低，通常 GR 值大于 150API，以电阻率曲线明显下降、GR 值显著上升的半幅点为灯四段顶界。

灯四段残余厚度较大，多大于 250m，且由于在灯四段沉积期经历了两期海侵—海退旋回，在第一期海退末期—第二期海侵期，灯四段中部普遍发育一套具有较高 GR 值的低能碳酸盐岩，故以沉积旋回为依据，将灯四段由下向上进一步划分为灯四段下亚段和灯四段上亚段。

高—磨地区灯四段下亚段底部为一套高伽马的泥晶白云岩或泥质白云岩，其上覆盖大套凝块石白云岩、晶粒云岩，顶部为一套层纹状藻云岩或纹层状泥晶云岩，从各井的电性曲线上看，灯四段下亚段 GR 值为 5.8~53API，平均为 17.1API。

灯四段上亚段岩性以晶粒云岩、凝块石白云岩、层纹状云岩、叠层状云岩砂屑云岩为主，夹有泥质云岩及硅质岩等。从下至上，丘滩体呈多旋回叠加发育，泥质白云岩欠发育，从各井电性曲线上看，GR 值为 5~40.4API，平均为 13.1API，较下亚段低。

4. 生储盖组合

震旦系灯影组以侧生旁储为主，兼有上生下储型和自生自储型，烃储匹配好。

灯影组天然的烃源较丰富，主要来源于四套烃源岩：下寒武统筇竹寺组黑色泥页岩、灯影组三段泥质岩、上震旦统陡山沱组黑色碳质页岩和下寒武统麦地坪组。对灯影组气藏起主要供烃作用的是下寒武统筇竹寺组黑色泥页岩，该套烃源岩总体上具有厚度大、有机质丰度高、类型好、成熟度高、烃源岩生气强度大的特点，其次为灯三段泥质岩，紧邻储层，具备一定生烃能力。

灯影组主要发育局限台地沉积环境，沉积期古地貌十分平缓，因此藻丘、颗粒滩亚相在盆内广覆式分布，后期成岩演化受区域性表生期岩溶控制，储层大面积连片分布，但优质储层仍受藻丘、颗粒滩亚相叠合表生期岩溶共同控制。因此灯影组储层发育的物质基础为藻丘、颗粒滩亚相，后期溶蚀作用改造储层，储层空间以孔隙和溶洞为主，储层在横向区域上连片发育，具备形成大气藏的储集条件。

灯影组构造平缓、深大断裂不发育，对油气的保存起到了十分重要的作用。上覆筇竹寺组泥岩为直接盖层，同时在裂陷槽内与灯影组岩溶坡地及残丘优质储层侧向对接，也可形成良好遮挡。此外，上覆二叠系、三叠系及侏罗系泥页岩、致密碳酸盐岩、膏盐岩十分发育，沉积厚度大，分布广泛，也是很好的区域盖层。

三、灯影组岩溶储层特征

受桐湾运动影响，灯影组抬升，遭受两期不同程度的大气淡水淋滤改造，形成了灯四段和灯二段两套风化壳岩溶储层。

1. 岩溶储层整体规律

灯影组岩石类型多样，根据岩心、薄片观察，结合盆地周边野外剖面的描述和钻录井报告，灯影组储层均发育在白云岩中，其中与丘滩复合体相关的凝块云岩、藻叠层云岩、藻纹层云岩、砂屑云岩是最主要的储集岩类。储层的分布和质量主要受沉积相与岩溶作用共同控制。

储层平面展布宏观受台缘带影响，高—磨地区主体西侧灯影组四段储层整体呈带状分布，横向上厚度相对稳定，台缘带储层明显较厚，平面上大面积叠置连片，分布范围广。

储层纵向上受表生岩溶改造控制明显。垂向上表生期岩溶可划分四个岩溶带：地表渗流带、垂向渗流带、水平潜流带和深部缓流带。受风化淋滤作用的影响和控制，优质岩溶储层主要集中在震旦系顶界风化壳以下100m的纵向范围之内。

2. 储集空间类型

灯影组碳酸盐岩经历了多期大的构造运动，储集空间类型变得复杂多样。根据其成因、形态、大小及分布位置可分为以下几种：孔隙（包括粒内溶孔、粒间溶孔和残余粒间孔、晶间孔和晶间溶孔、格架孔、沥青收缩孔）、洞穴和裂缝（表1-4-2）。储集空间类型以溶蚀孔洞为主。

表 1-4-2　高石梯区块灯四段储集空间类型划分表

储集空间类型			主要储集岩石类型	发育频率
孔隙	原生孔隙	残余粒间孔	藻粘结砂屑云岩、砂屑云岩、藻砂屑云岩	中—低
		格架孔	隐藻凝块云岩	低
	次生孔隙	粒间溶孔	藻粘结砂屑云岩、砂屑云岩、藻砂屑云岩	高
		粒内溶孔	藻粘结砂屑云岩、砂屑云岩、藻砂屑云岩	中—低
		晶间孔	残余砂屑粉、细晶云岩	中—高
		晶间溶孔	残余砂屑粉、细晶云岩	中—高
		沥青收缩孔	不限	中—低
洞穴	原生洞穴	格架洞	藻凝块云岩	中
			藻叠层云岩	中—低
	次生洞穴	溶洞	隐藻凝块云岩、藻叠层云岩、砂屑云岩类	高
			泥粉晶云岩	低
裂缝	构造裂缝		不限	低
	次生裂缝		不限	不等

灯影组灯四段、灯二段气藏储层类型、储集岩类、储集空间等特征没有明显差异，综合微观、宏观、静态、动态等资料分析认为，裂缝—孔洞型、孔洞型两种储层为灯影组气藏的优质储层。

1）孔隙

根据形成方式的不同，灯四段孔隙又可划分为原生和次生两大类。其中以次生孔隙中的粒间溶孔、晶间（溶）孔为主要的储集空间。

2）洞穴

洞穴是灯四段另一类重要的储集空间类型，直径大于 2mm 的孔隙都称为洞，同孔隙一样，洞穴也分成原生洞穴和次生洞穴。原生洞穴主要形成于沉积期，原生洞穴的发育频率也很低，大多最终形成残余孔。次生洞穴又称为溶洞，其形成机制与前述的各类溶孔一致，只是经受的溶蚀作用强度更强、持续时间更久，因而形成的溶孔规模更大而形成溶洞。大部分溶洞均形成于表生期，其主要为大气淡水淋滤改造而成。溶洞多呈层状分布，或沿裂缝呈"串珠状"分布，形态极不规则。总体来看，在高—磨地区溶洞较为发育，灯四段上亚段的洞穴发育程度和规模大于灯四段下亚段。平面上溶蚀孔洞分布不均匀，纵向上据岩心统计，溶蚀孔洞层最深可达风化壳侵蚀面以下 300m，溶洞统计表明，灯四段溶洞以中—小溶洞为主，大溶洞发育较少。

3）裂缝

根据岩心观察，裂缝在灯四段中普遍发育，裂缝有效性较好，缝、洞匹配，是有利储层形成的条件之一。研究区裂缝主要为构造缝和溶缝，发育程度总体较高，在作为储集空间使用的同时，更重要的是作为流体的渗流通道。构造缝断面一般比较平直，多以高角度缝出现，溶缝一般经过地下水的溶蚀，缝壁不平直且呈港湾状，甚至有溶孔串接，但溶缝普遍被沥青或白云石半充填，压溶缝内普遍充填泥质和碳质，以平缝和低角度缝为主，对渗流贡献小。

3. 物性特征

根据区内具有代表性的十口取心井800多个样品的实测数据孔隙度统计如下（图1-4-5）。

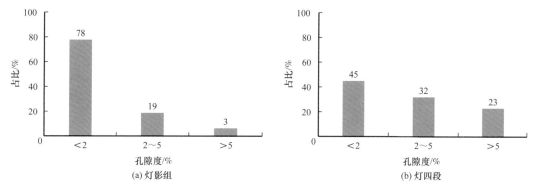

图1-4-5　灯影组孔隙度分布概率图

灯影组孔隙度分布范围为0.1%～10%，平均值为1.66%，其中孔隙度小于2%的样品占比为78%，渗透率介于0.01～10.00mD，表明灯影组储层整体上孔隙度较低，为低孔隙度、低渗透率储层。

其中灯四段孔隙度范围为0.1%～8.6%，平均值为3.2%，小于2%的样品占总数的为45%，其中大于5%的优质储层占比达到23%。灯四段平均孔隙度相对灯影组大幅提高，有利储层更为发育、物性更好，因此，灯四段上亚段岩溶储层作为当前主要勘探开发层系。

参照四川盆地碳酸盐岩储层分类标准（肖富森等，2014），根据储层物性、孔喉结构及储层毛细管压力参数，将岩溶储层分为四类：孔隙度大于12%为Ⅰ类储层，Ⅱ类储层孔隙度为6%～12%，Ⅲ类储层孔隙度为2%～6%，孔隙度小于2%为Ⅳ类储层。

4. 气藏特征

当前勘探开发证实高—磨地区灯四段气藏的类型为构造背景下的岩性—地层圈闭气藏。

从现今构造看，高—磨地区处于威远—龙女寺现今构造的低部位。灯四段之所以能够大面积成藏，关键因素是德阳—安岳台内裂陷区下寒武统厚层泥质岩为高—磨地区灯四段圈闭上倾方向提供了良好的侧向封堵条件。磨溪北部灯四段下亚段测井解释气水界面分析，多口井具有统一气水界面，气水界面均在海拔-5237m左右，以海拔-5230m构造线和高—磨西部灯四段尖灭线共同形成巨型构造—地层圈闭，钻井试油证实圈闭内灯四段整体含气，有利含气面积为7500km²。

在大的圈闭背景下，受内部断层和岩性变化控制发育多个气藏，形成岩性、构造、地层三因素共同控制的气藏群。不同区带气藏主控因素有一定差异。沿德阳—安岳台内裂陷东侧高—磨台缘带相区丘滩沉积发育，岩溶深度大于200m，优质储层连片发育，储层厚度为30～130m，含气性好，是灯影组高产井的主要分布区。东部台内相区丘滩沉积变薄，岩溶深度小于100m，储层厚度较台缘带变薄，储层物性变差，储层厚度为20～50m，以中低产为主。台内区储层也是大面积发育，但储层平面非均质性变强，局部地区发育优质储层，井间产能相差大。

四、灯影组气藏地震技术难点

安岳地区地层相对平缓（局部近似为水平层状），整体为低角度单斜构造，浅层须家河组从南向北、由西至东呈逐渐下倾的构造形态，地层倾角变化平缓；中深层二叠系也与须家河大致一致，构造继承性好，仅二叠系底部局部存在角度不整合接触关系；深层单斜幅度略微明显，寒武系及震旦系局部发育低幅构造，断裂不发育（图1-4-6）。这种地质条件基本符合地震勘探理论中的主要假设条件，非常有利于进行地震勘探。

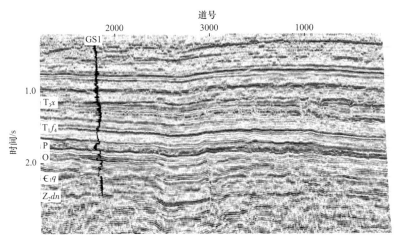

图1-4-6　2012年联片三维成果地震剖面（过GS1井）

1. 深层地震资料存在的问题

即便如此，国内陆上三大克拉通盆地（塔里木盆地、四川盆地和鄂尔多斯盆地）特殊的地质条件，使得深层地震处理解释仍然存在较大的问题和难点。通常来说，与中浅层地震反射信号相比，深层地震资料的品质普遍要差一些，且随着深度的增加，深层地震资料信噪比呈现越来越低的趋势。而造成深层地震资料低信噪比的问题两个主要原因是信号弱和干扰强。

1）有效信号弱，恢复和保真处理难度大

信号弱源自两方面的影响，一是深层地层间反射系数小，二是地震波传播过程中随着距离的增加而迅速衰减。

由于地层压实等原因，地层波阻抗（PI）的垂直梯度随深度增加而减小，地层埋藏越深，地层界面反射系数就越小，不能形成强反射界面。以 GS1 井为例，除了个别标志层之外，深层寒武系和震旦系反射系数普遍小于浅层须家河组，反射波能量更弱。该井灯影组上覆筇竹寺组沉积厚层泥岩和泥页岩，平均波阻抗为 13500（g/cm³）×（m/s），地层之间阻抗差小，没有明显的波阻抗界面，整体反射系数小，合成地震记录表现为弱反射（图 1-4-7）。灯影组内幕为大套厚层白云岩，除局部发育少量相对低速储层之外，主要表现为高速度、高密度块状地层特征。白云岩波阻抗介于 15000～19500（g/cm³）×（m/s），波阻抗差异小，最大反射系数为 0.08，一次反射能量十分微弱（图 1-4-7）。

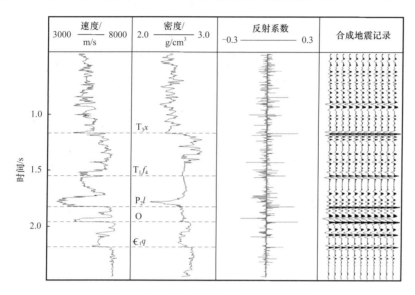

图 1-4-7　GS1 井测井合成地震记录图

其次，地震波在地下传播过程中随着传播距离的增加，能量迅速衰减。高—磨地区灯影组碳酸盐岩顶面的埋深一般大于 5000m，地震波传播路径长，地震波能量及频率受到很大程度的衰减，按自激自收方式计算，不考虑吸收及透射损失，地震波能量衰减达到 80dB。此外，高—磨地区中浅层地层中存在多个强反射界面，透射衰减效应更大，容易掩盖深层有效的弱反射能量，进一步降低了深层有效信号的能量。

　　2）干扰波相对更强

同浅层一样，面波、随机噪声、线性干扰等常见噪声在深层均有发育。不同的是，由于深层有效信号能量弱，这些噪声对深层地震资料的信噪比影响更严重。如随机噪声，理论上在整体时间域均匀分布、从浅层到深层的能量相同，由于深层复杂地质构造的影响甚至还会产生更多的散射噪声加大随机噪声的能量，与此同时，深层有效信号能量比中浅层弱很多，因此，随机噪声随着叠加等手段的使用，在叠后剖面中不会对中浅层有效信号构成威胁，然而对于深部能量微弱的地震信号则威胁很大。

除了这些常见干扰外，深层还存在较强的局部层间多次波干扰。

中国陆上三大克拉通盆地中浅层普遍发育海相泥岩、陆相碎屑岩煤层或页岩与碳酸盐岩互层组合，形成多个区域强反射界面，具备产生较强能量多次波的地质基础。层间多次波影响甚至可能掩盖深层弱的有效地震反射，使得深层反射能量畸变、形态复杂化、速度难以拾取、成像不清晰，严重降低了地震资料品质。

垂直入射反射率一次波和一次波＋多次波正演对比清楚地显示出层间多次波对深层地震资料造成的影响。如图1-4-8所示，中、浅层地震资料质量好，以有效波为主，信噪比高。2s以下的深层，多次波能量逐渐变强，当层间多次波叠加在下伏深层震旦系—寒武系时，碳酸盐岩地层中出现多个假的地震反射同相轴，弱的有效反射完全被掩盖，基本无法反映出原有的地层特征。

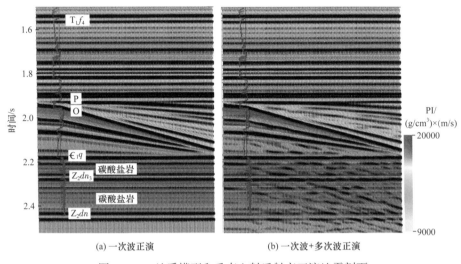

(a) 一次波正演　　　　　　　　　(b) 一次波+多次波正演

图1-4-8　地质模型和垂直入射反射率正演地震剖面

因此，由于目的层埋深较深、储层物性差、地震信号弱，更容易被各种随机干扰、强反射界面形成的层间多次波所影响甚至被淹没，弱信号恢复和保真处理难度大，使得深层地震资料信噪比低、品质差。

2. 岩溶储层地震预测难度大、精度要求高

岩溶储层发育大量次生的孔、洞、缝，形成外部形态多样、内部孔隙空间复杂的缝洞体。而且，缝洞体尺度相对较小、非均质性极强，给地震识别和预测带来很大的难度。具体表现在以下三个方面。

1）溶蚀孔洞尺度小、地震响应微弱、地震预测困难

孔洞形成原因、过程和形态复杂，目前还没有统一的孔洞和洞穴划分标准。根据溶洞直径，中国石油西南油气田分公司将灯影组溶洞分为小洞（2～5mm）、中洞（5～20mm）和大洞（大于20mm）三类。以上分类，大洞涵盖尺寸太广，从数十毫米到数十米，没有体现出孔洞和洞穴的差异。为了加以区分和地质分析的需要，在此划分方案的基础上将500mm作为孔洞和洞穴的界限：小于500mm划分为孔洞，其中小洞为2～5mm，中洞为5～20mm，大洞为20～500mm；将大于500mm的洞划分为洞穴，其中500～5000mm为小型洞穴，大于5000mm为大型洞穴（表1-4-3）。

塔里木盆地寒武系和奥陶系已勘探开发的岩溶油气藏，溶蚀孔洞直径多为10～30m，以大型洞穴为主，与围岩之间具有较大的波阻抗差，在地震剖面上通常表现为"串珠状"

反射特征（图 1-4-9）。自 2006 年以来，通过碳酸盐岩地震技术攻关，中国石油天然气集团有限公司（以下简称中国石油）已经形成了以叠前反演为核心的缝洞储层定量描述配套技术，大幅提高了储层钻遇率和钻井成功率。

表 1-4-3　孔洞分级分类及地质响应特征表

储层类型	孔洞型	洞穴型
孔洞类型	小洞（2～5mm） 中洞（5～20mm） 大洞（20～500mm）	小型洞穴（500～5000mm） 大型洞穴（＞5000mm）
录井	井漏	井漏、放空
成像测井	蜂窝状，斑状为主	连续片状
常规测井	AC＞47μs/ft 密度＜2.75g/cm³	AC＞55μs/ft 密度＜2.6g/cm³
孔隙度	5%～10%	＞10%

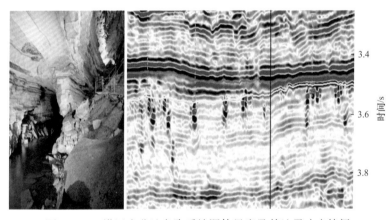

图 1-4-9　塔里木盆地奥陶系缝洞体尺度及其地震响应特征

安岳地区震旦系灯影组岩溶储层，相对低孔低渗，溶蚀孔洞也十分发育，但以肉眼可分辨的洞穴、孔洞等小型孔洞为主，洞穴不发育。

根据溶蚀孔洞最优发育的 GS1 井区岩心资料统计：洞径在 2～5mm 之间的小洞占 78.9%，洞径在 5～20mm 之间的中洞占 13.9%，洞径不小于 20mm 的大洞占 7.2%。灯影组以中小孔洞为主，其中 2～10cm 孔洞常见，局部孔洞最大洞径可达岩心直径（图 1-4-10）。

由于灯影组孔洞小、地震响应弱，不能

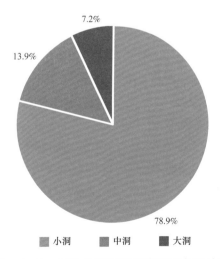

图 1-4-10　GS1 井区灯四段溶洞发育统计图

形成像塔里木盆地奥陶系那种典型的"串珠状"地震反射，在常规地震剖面上无法识别（图1-4-11），地震识别和预测十分困难。

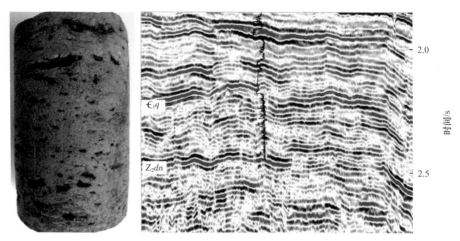

图 1-4-11 四川盆地灯影组缝洞储层岩心及其地震响应特征

2）受强反射屏蔽影响、储层地震响应模式难建立

在风化壳碳酸盐岩岩溶油气藏中，风化面上下分别为低速烃源岩（泥岩盖层）和高速碳酸盐岩，风化壳两侧地层的波阻抗变化过于剧烈，表现出不连续性，在地震剖面上形成区域性强反射。受地震子波和有限频带等因素的影响，风化壳界面强反射产生较强能量的旁瓣。

最为有利的岩溶储层发育段紧邻风化壳之下，以低孔低渗为主，和其他碳酸盐岩地层波阻抗差异不大、反射波能量相对较弱，远远低于强反射能量及其旁瓣。风化壳强反射和储层弱反射相互叠加在一起，形成强烈屏蔽作用，储层弱反射被掩盖，使得高产井模式难建立、地震储层预测、流体检测难。

如高—磨地区两口不同类别井的合成地震记录对比所示，两口井的主要岩溶储层都紧邻风化壳，气层底界距灯影组顶部距离均小于50m（图1-4-12）。其中高产气井测井解释气层厚度为32m，最大孔隙度达到14.9%，试气日产约$20 \times 10^4 m^3$；低产气井测井解释气层厚度为24.8m，最大孔隙度仅为5.1%，试气日产$6 \times 10^4 m^3$。虽然岩溶储层的厚度和物性有明显差异，但二者合成地震记录上气层位置都为强反射，气层的地震响应完全隐没在风化壳强反射背景中，很难看出不同。

3）裂缝—孔洞型储层预测难度大，地质综合评价难

灯影组优质岩溶储层以裂缝—孔洞型储层为主，其储集空间复杂，小尺度的溶蚀孔洞和裂缝极为发育，储层非均质性较强。在碳酸盐岩油气藏中，裂缝占据着非常重要的作用，它既是油气运移通道和连通桥梁，也是有效储集空间，早期裂缝还对洞穴、孔洞型储层的发育起到控制作用，裂缝是储层物性改造、产气能力的主控因素之一。由于储层裂缝成因的复杂性、裂缝大小的多尺度性、裂缝形态和充填的多样性，长期以来，裂缝的有效预测一直是地震研究中的难点之一。

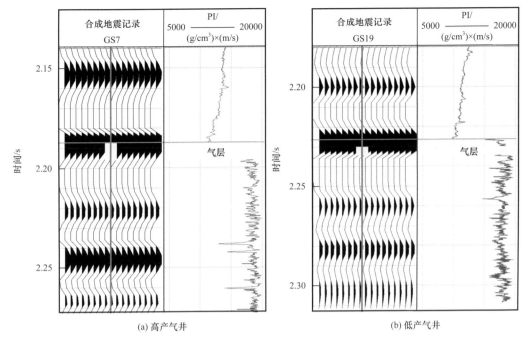

(a) 高产气井　　　　　　　　　　　　　(b) 低产气井

图 1-4-12　灯影组岩溶储层地震响应特征

第五节　取得的进展和成果

面向深层碳酸盐岩岩溶储层油气藏勘探开发的地质需求，本书以川中安岳气田灯影组气藏为主要解剖对象，针对深层地震资料与合成地震记录严重不匹配、储层物性差、地震响应特征弱、高产井的地震反射模式建立难、储层预测多解性强等关键地球物理问题，开展了深层地震处理解释研究，形成了一套以多次波识别与压制为核心的深层地震弱信号恢复与保真处理解释一体化技术。在多次波正演模拟与识别、层间多次波压制、弱信号恢复与保真处理、碳酸盐岩岩溶储层预测等方面创新显著。

一、可控界面层间多次波正演模拟与识别技术

针对当前多次波正演模拟以及来源层分析方法的缺乏，研发了三项新技术。下行波可控反射率法多次波正演及来源分析技术，通过对任意反射界面下行波的控制，实现了快速一维—三维多次波模拟，提高了多次波来源层的识别能力；可控层位分阶层间多次波模拟技术，构建新的层位约束矩阵，实现指定地层之间各阶层间多次波模拟，有利于对地震层间多次波正确地识别和分析；针对多次波平面发育程度分析的空白，研发了基于速度谱展度的多次波强度平面分布预测技术，提出了利用速度展度作为多次波发育强度的评价指标，实现了三维地震资料中对多次波平面发育程度的定量刻画。

可控界面层间多次波正演模拟与识别技术为层间多次波正演模拟、识别和来源分析提供了有力工具，通过该技术论证了安岳气田深层井震不匹配主要是由层间多次波所造成的猜想，确定了四个层间多次波来源，实现了三维多次波发育程度平面分布预测，为多次波

压制处理和质控、地震资料风险评估提供了有效手段。

二、处理解释一体化多次波压制技术

针对层间多次波来源多、空间变化大、差异小、压制难的问题，提出了"先识别、再压制、以识别为指导和质控"的处理解释一体化技术思路。在多次波识别和来源分析的指导下，以高精度 Radon 变换为核心，分步迭代组合压制多次波，从叠前到叠后逐步实现多次波的去除。

针对 Radon 变换实用性不足的问题，提出了混合频率—时间域稀疏变顶点 Radon 变换数学约束模型和快速迭代收缩阈值算法，减少多次波泄露，提高了变换精度和计算效率；采用层控思路和工作流程，克服了层间多次波速度与一次波速度差异小、Radon 变换压制效果不理想的问题，实现了压制多次波的同时，兼顾有效波能量的保持，实现了高精度层间多次波的压制处理；采用处理和解释相结合的多次压制方法，基于已知的多次波强反射来源界面的认识，利用 f–x 域强反射和深层多次波谱函数的相似性，联合构造层位约束多次波分析和压制时窗，逐层对深层地震中的多次波进行压制。该技术在四川盆地川中安岳气田、川西北磨溪北斜坡等地区的应用中，井震匹配程度整体提高 30% 以上，为提高地震资料信噪比、地震储层预测、油气检测提供了重要技术支持。

三、深层弱信号恢复和增强处理解释一体化技术

针对深层储层地震响应信号弱的问题，结合叠后合成记录和保 AVO 质控技术，形成了针对性质控技术体系，由定性振幅监控到逐步半定量振幅监控；针对不整合面强反射屏蔽问题，发展道集精细拉平技术，更好实现高频地震信号的同相叠加，提高弱信号成像质量；研发了自适应反射率弱信号恢复技术，通过层位约束和算法优化重构强反射界面地震分量，消除屏蔽效应以恢复薄层的弱信号，突出储层的地震响应特征。

四、岩溶储层地震综合预测技术

针对岩溶储层特殊的地质特点，提出并初步形成了两项关键技术：一是正演模拟约束储层特征分析与提取技术，在岩溶储层地质模型地震正演模拟和分析的基础上，建立高产井地震响应模式，采用多属性融合技术降低储层预测的多解性；二是岩溶储层定量解释技术，通过叠前／叠后相控约束地震反演、地震波形指示反演、波形特征分解和特征曲线重构技术，解决了岩溶储层强反射屏蔽预测困难的技术难题，提高了碳酸盐岩储层预测精度和综合表征能力，并采用地震不连续性属性体和裂缝离散网格建模技术，实现了岩溶储层裂缝的定量预测，实际应用储层预测结果与钻井吻合率提高 20% 以上。

通过深层地震处理解释技术攻关，提高了深层地震资料品质和碳酸盐岩岩溶储层的预测精度，在塔里木、四川等盆地的应用中取得了显著勘探开发效果，为深层油气勘探与开发、地质基础研究提供更好的地震资料基础和技术支撑。

第二章 层间多次波识别和预测技术

多次波是一种相干噪声（Sengbush，1983），它会使地震偏移结果的保真度和分辨率下降，影响地震解释的可靠性。多次波压制一直是地震勘探所面临的难题。目前多次波的研究主要还是针对自由表面多次波，并且已经发展出了相当成熟的基于波动方程自由表面多次波压制方法。然而，在地震资料中还存在着分布更为广泛的层间多次波，层间多次波相对发育时会影响地震属性提取、反演的可靠性，对储层识别等研究不可忽视，而且很难被发现。对于深层碳酸盐岩油气藏地震工作来说，层间多次波影响相对更大，多次波识别和压制的问题显得尤为重要。

学术界对于层间多次波的讨论深度和广度明显不如表面多次波。主要原因在于层间多次波的产生机理不清楚，预测难度大、压制难度更大。鉴于层间多次波的复杂性，只有对多次波形成有效的识别，才能选择有针对性的技术和方法来压制多次波。

因此，在探讨多次波压制方法和技术之前，对多次波有全面的认识是必要的。本章从多次波的成因、分类和波场特征的简单介绍开始，再结合实际资料分析它对地震资料可能造成的影响，进而对处理解释一体化层间多次波识别技术展开详细论述。

第一节 层间多次波特点

一、多次波的产生和分类

1. 多次波的产生

反射波地震勘探指在近地表激发地震波，通过地表或井中检波器接收反射波，将接收到的反射波反向正确归位到产生它的地层界面上的对应反射点，并由此获取地下的反射特征、岩层性质与形态的勘探方法。多数反射波地震勘探方法都假定地震波在地下界面的反射仅发生一次，然而实际上，地下反射界面对于上行波和下行波来说并没有区别，地震波经过多个反射界面的过程中，都会产生二次下行反射，也就是产生了多次反射波，并最终被检波器所接收。因此，多次波在地震资料中不同程度地普遍发育。

通常地下反射界面的反射系数都很小，地震波入射到这些反射界面时，一次反射的能量比较弱，经过多次反射后，多次波更加微弱，被能量较强的一次反射能量所掩盖。所以在地震记录中，通常在视觉上难以直接观测到多次波。只有存在反射系数较大的反射界面时，地震波经过这些强反射界面后，经多次反射后仍然保持较强能量，才能在地震记录中形成有足够能量被记录下来并识别出它的同相轴。属于这类界面的有海平面、海水层与海底的接触面、新老地层物性差异较大的界面［如基岩面、不整合面、火成岩（玄武岩）］，以及其他强反射界面（如石膏层、岩盐、石灰岩等）。

2. 多次波的分类

通常，为了多次波预测和压制研究的需要，地震数据处理中常常根据产生的反射界面不同将多次波分为地表有关多次波（表层多次波）和层间多次波（李志娜，2015）：

（1）表层多次波：指地震波经地下界面反射返回地表，在自由界面又产生向下传播的反射，最后经地下界面反射后返回地表被检波器接收到的多次波，有时又称为表面多次波、自由界面多次波等，如图2-1-1（a）所示。表层多次波产生的关键是存在自由表面，若没有自由表面，地震波到达地表以后能量全部通过向上传播，不会产生表层多次波；根据在地表发生反射的次数又可以将表层多次波分为不同阶表层多次波。在海上勘探中，海水与空气接触的海平面是一个非常典型的强反射界面，海水层与海底的接触面也是一个良好的强反射界面，地震波在海水层中的传播会产生多次来回反射，当地震波首次经海底反射返回水面会形成一次波，一次波在自由表面发生反射向下传播至海底，再次经海底反射返回水面形成一阶表层多次波，一阶表层多次波再向下传播并返回水面形成二阶多次波，以此类推。

（2）层间多次波：指地震波经地下界面反射后，向上传播到某一较浅位置处的强反射界面又发生反射向下传播，最终返回地表被接收到的多次波［图2-1-1（b）］。同样，层间多次波也可以分为不同阶层间多次波，其阶数的定义为在自由界面或者其他反射界面上发生下行反射的次数，一般情况下一阶多次波对有效信号的干扰最强。

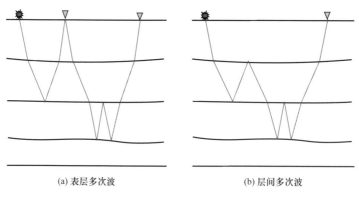

(a) 表层多次波　　　　　　　　　　　　(b) 层间多次波

图2-1-1　根据反射界面划分的多次波分类图

二、层间多次波对地震的影响

1. 对地震成像和解释的影响

国内各大盆地地下都存在诸如基岩面、不整合面或其他强反射界面，地震波在这些界面之间发生多次反射，或在一个薄层内发生多次反射，形成层间多次波。因此，中国陆上很多油田区块都受到多次波的严重影响，如江苏油田、玉门油田和胜利油田济阳凹陷等，只是陆地多次波相对海上地震来说，能量较弱，更隐蔽（陆基孟，1993）。

层间多次波的存在会带来许多负面影响，首先是传统地震资料处理和解释技术都假设输入数据中没有多次波，只有一次波，多次波的存在使得绝大多数地震资料处理和解释技术由于不满足前提假设而失效。层间多次波发育的局部地区，严重时能降低地震资料的信噪比、影响着地震成像和解释。

层间多次波的存在给地震成像带来极大的困难。由于层间多次波的存在，严重地干扰着一次波，降低了地震资料的信噪比和速度场建模精度，进而影响偏移质量，大幅降低最终地震数据成像质量，形成地震资料盲区。

随着地震资料品质下降，还会给后续的解释工作带来困扰，导致错误的层位解释和地震反演结果。例如由于多次波的聚焦和散焦效应使得其下同相轴形态复杂化，从而影响构造解释；多次波的存在还会造成合成记录与实际地震记录严重不匹配，阻碍储层预测特别是地震反演技术的应用；当目的层反射振幅较弱时，多次波的影响更加严重，甚至还会影响地质认识，从而影响勘探决策部署。

以高—磨地区深层为例，进行详细说明。

2. 高—磨地区深层多次波影响

高—磨地区的中、浅层存在多个低速泥页岩与高速碳酸盐岩之间的强反射界面（图 2-1-2）。例如，下寒武统筇竹寺组泥页岩、下奥陶统湄潭组泥页岩、上二叠统龙潭组煤系、下三叠统飞仙关组四段泥岩、须家河砂泥岩等多个低速地层，与相邻的高速碳酸盐岩地层形成了良好的强反射界面。地震波在这些强反射界面上发生多次反射，容易形成能量较强的层间多次波。

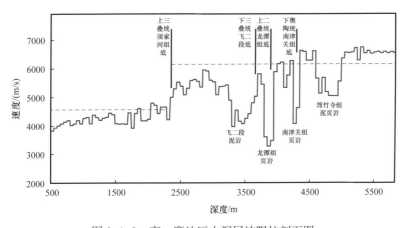

图 2-1-2 高—磨地区中深层波阻抗剖面图

层间多次波的存在，具体给高—磨地区深层地震资料、油气藏开发、勘探和科学研究带来了一系列的问题。

1）地震剖面纵向上整体波组特征不清楚，不符合真实地层响应特征

为了展现川中震旦系的地震响应特征，用已知井建立波阻抗三维模型，并采用褶积模型进行正演得到三维地震数据体。如图 2-1-3（a）所示，从过 GS1 井正演地震剖面可以

看出正演地震剖面具有碳酸盐岩一般地震响应相同的规律：碳酸盐岩内幕反射呈明显低频特征、能量较弱。灯影组整体具有三强两弱的反射特征：筇竹寺组泥岩、灯三段泥灰岩、灯二段泥岩和碳酸盐岩的界面为强反射；灯四段和灯二段大套碳酸盐岩内部具有断续、弱能量的地震反射特征。

图 2-1-3（b）为实际叠前时间偏移成果剖面。在 2s 以上，二者在大套波组特征上具有好的相似性；在 2s 以下的深层，实际地震反射波组的强弱组合和正演地震剖面基本不具有可对比性，由此说明此时的地震剖面已经难以反映出真实的地层地震响应特征。

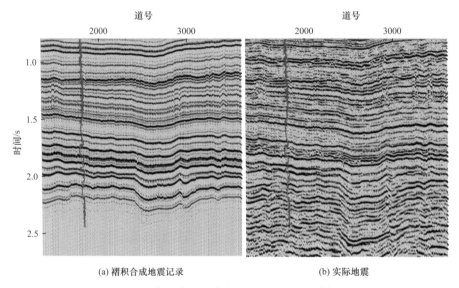

(a) 褶积合成地震记录　　　　　　　　　(b) 实际地震

图 2-1-3　高—磨地区合成地震记录和地震剖面对比

2）深层井震匹配不好，给高产井地震响应特征建立、地震反演带来不可控的不确定性

2015 年，高—磨地区灯影组气藏进入开发评价阶段，随着钻井数量的增加，出现多个井震不匹配现象。GS1 井区 10 口探井的测井合成地震记录和实际地震道在深层整体相关性都比较差，二者在寒武系—震旦系灯影组平均相关系数仅为 0.57。

以高石梯三维中井震标定最差的 GS6 井为例说明。该井钻进至震旦系灯二段后，于 5455.0m 完钻。从井径曲线上判断，该井深层井眼质量较好，测井声波时差和密度曲线质量可靠。图 2-1-4 为 GS6 井深层一次波井震标定图。图中第一列为井旁实际地震道，第四、第五列分别是测井波阻抗和自然伽马曲线，第二列为合成地震记录，第三列为实际地震道和合成地震记录互相关系数。对比测井合成地震记录和井旁地震道得知，合成地震记录在 1.9s 以上的中浅层与实际地震道波组符合好，主要同相轴能够一一对应，二者互相关系数在 0.8 以上，说明地震资料在该段时窗范围内地震反射质量好，以有效波为主，信噪比高。从 1.9s 奥陶系开始，测井合成地震记录和实际地震道的波组特征差异明显。除了 2.0～2.1s 之间龙王庙组的两个波峰一致性较好之外，深层整体上都难以有效对比，二者相关系数仅为 0.14。尤其是下寒武统筇竹寺组和灯影组标定最差，同相轴时间、能量和相位均难以有效对比（见图中蓝色矩形位置）。

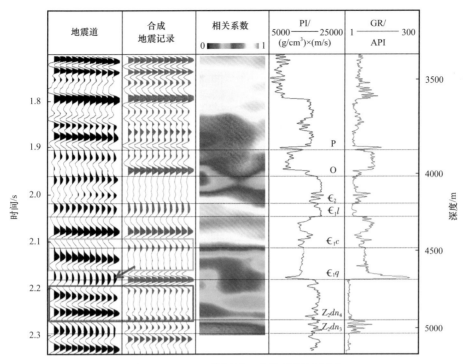

图 2-1-4　GS6 井深层一次波井震标定图

　　测井合成地震记录和实际地震道匹配差主要体现为两点，一是区域标志层能有效对比，但振幅差异大，表现为"该强的反射不强"的特征（图中蓝色箭头）。合成地震记录显示，川中地区区域标志层寒武系底为强波峰反射，相同时间上实际地震道为宽波峰弱反射。二是大套稳定连续沉积地层内弱反射无法有效对比，表现为"该弱的反射不弱"的特征。寒武系底标志层之上为筇竹寺组厚层泥岩，其中 GS6 井筇竹寺组泥岩厚 181m，从测井曲线上看，泥岩地层之间阻抗差小，平均波阻抗为 13500（g/cm³）×（m/s），没有明显的波阻抗界面，合成地震记录表现为弱反射，和实际地震道 2.13s 的强反射不符（图中绿色矩形内）。寒武系底标志层之下为灯影组大套白云岩，GS6 井灯四段白云岩厚 306m，除局部发育少量相对低速白云岩储层之外，主要表现为高速度、高密度块状地层特征。从测井波阻抗曲线特征分析，其地层内波阻抗介于 15000～19500（g/cm³）×（m/s），波阻抗差异小，最大反射系数为 0.08。GS6 井灯四段合成地震记录主要表现为高频、弱波峰反射，实际地震道显示 2.22s 和 2.25s 两个强波峰（图中蓝色矩形内）在时间和振幅强弱上都存在很大不同。

　　由于灯影组附近地震和测井合成地震记录不匹配，地震反射无法反映出储层的变化特征，造成高产井和低产井地震响应难以区分，影响高产井地震模式的建立和地震反演结果，导致反演结果与井点波阻抗匹配程度偏低，影响灯影组有利储层定性和定量预测，阻碍地震反演储层预测技术应用。

　　图 2-1-5 为波阻抗反演剖面和已知井的波阻抗对比图（井轨上为测井波阻抗），直观展示出反演结果和钻井不符，储层预测错误。图 2-1-5（a）中，GS1 井在灯影组井震标定相对较好，反演结果和测井波阻抗整体符合较好，仅个别地层反演和测井有较大误差；

而图 2-1-5（b）中的 GS6 井地震标定差，灯影组反演结果和实际测井波阻抗相差过大，多数层无法有效对比（图中黑色箭头所指位置），已完全不能反映储层的特征。

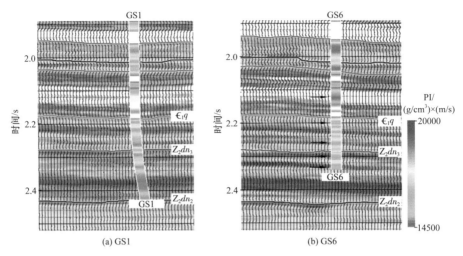

图 2-1-5　灯影组井震不匹配问题直接影响地震波阻抗反演结果

3）深层地震反射复杂化、相位畸变，造成局部成像质量不高，增大构造解释误差

中国陆上三大克拉通盆地整体地层平缓，多次波与一次波的反射倾角比较接近，在这种情况下，地震剖面上反射往往真假难辨，很可能错误地把多次波看作一次波。如果在解释中不能正确地把多次波识别出来，就会造成错误的地质解释。

在安岳气田外围西侧合川地区，地质人员对地震数据进行灯影组底层拉平后，发现灯影内部存在一组斜倾角反射（图 2-1-6 蓝色箭头所示反射同相轴），使下伏地层反射结构复杂化，这组斜的地震反射看起来很像已发现的高—磨台缘带形态，容易被认为是有利的勘探目标。如果没有多次波的认识，这些"似台缘带"的沉积假象会给勘探井位部署带来风险。

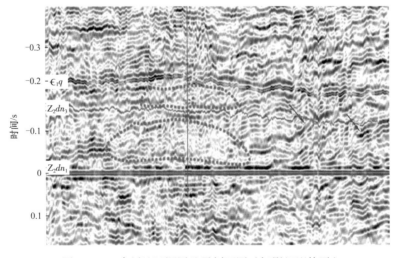

图 2-1-6　合川地区深层地震剖面图（灯影组底拉平）

4）在超深层形成多组、连续的层状反射，掩盖中新元古代真实地层反射，影响地质模式和地层格架的搭建

在超深层、基底等地方，有效信号整体能量进一步变弱，多次波影响更严重。多次波导致地震成像困难和成像的真实性、可靠性等问题。例如，巨大的断裂带被隐蔽、有利的构造不见了，以及造成沉积加厚的假象等，进而影响整体地质模式的认识。

川中地区前震旦系勘探程度不高，揭示前震旦系的钻井数量较少，区内也没有同期地层出露地表，缺少直接的地质资料。当下，前震旦系深层的地质研究主要基于地震资料，观点和认识对地震资料品质依赖很大。

图 2-1-7 为高—磨地区三维地震的成果剖面图。从整体上看，灯影组（Z_2dn）底界之下的超深层存在巨厚的连续、低角度席状地震反射。其地震反射特征整体表现为强振幅、中高频率，横向连续性较好。超深层连续地震反射和中浅层呈现平行和亚平行关系，能够在较大范围内连续对比，纵向上向下局部可深至 5s。地质学家基于地震剖面开展地层、构造、基底断裂等分析研究，提出了四川盆地在新元古代存在伸展构造、发育大量裂陷槽、前震旦系充填了巨厚沉积岩序列等多种不同新的观点和猜想（张健等，2012；谷志东和汪泽成，2014）。

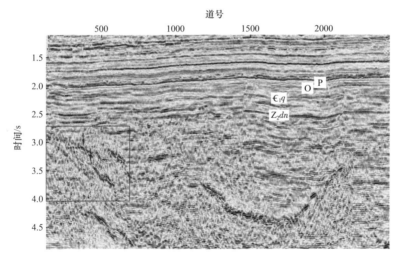

图 2-1-7　高—磨地区三维超深层地震成果剖面

实际上，超深层这些巨厚的连续、低角度席状地震强反射与地震传播理论不符。根据地震波传播理论，随着地震波传播距离增加，受到波前球面扩散、地震波反射及透射衰减、地层吸收衰减等因素的影响，通常情况下，深层—超深层地震反射应该表现为有效反射能量弱、频率低、连续性差、信噪比低的特征。

在三维地震剖面上，超深层除了巨厚的连续、低角度席状地震强反射之外，还存在一些高倾角的强能量反射。此类高倾角的强反射能量分布范围小，目前主要解释为断裂或沉积基底（汪泽成等，2014）。

然而，地震剖面上存在多处这两组产状不同的地震反射相互干涉在一起、相互错断的现象，在地质上难以给出合理的解释。图 2-1-8 为图 2-1-7 左下方局部区域放大显示

的地震剖面，更清楚地展现了这种"穿层"特征。在超深层低角度水平层状反射的背景下，图中地震剖面中存在一个大型楔状地质异常体，该异常体的地震反射连续性较好、能量强。按照沉积和地层的观点，地质异常体为后期形成，保持自身完整形态的同时，对水平地层进行切割，破坏水平层状反射，如图中绿色箭头所示。然而，地震剖面上出现了多处水平地层切割地质异常体的现象，例如，图 2-1-8 中 2.9s、3.1s 和 3.4s 三组水平强反射（图中蓝色箭头所指）能够连续追踪到地质体内部，严重破坏了地质异常体的连续性，出现不合理的"穿层"特征。这种不合理的切割关系说明，二者之间有一类地震反射是干扰噪声，即所谓的地震虚假反射。由此造成地层和构造模式的假象，使得深层出现不同的地质模式和观点，认识争议大。

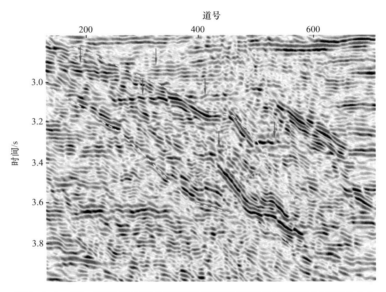

图 2-1-8 高—磨地区三维超深层地震反射相互交叉特征（局部放大）

由此可见，国内陆上特别是三大克拉通盆地层间多次波发育，如果不能在处理阶段实现好的压制、在解释中不能正确地识别出来，会造成错误的地质解释。为了提高地震勘探的水平，必须要开展和加强层间多次波的识别和压制技术研究。

三、层间多次波特点

总的来说，海上全程多次波来源单一，周期性明显，研究更加深入，相对容易识别和压制。图 2-1-9 为某海上的一条叠加地震剖面，显示出大范围强能量不同阶次多次波，分别穿越海底之下的地层和构造，周期性十分明显，容易识别。在叠前道集和速度谱上，海上多次波剩余时差大、叠加速度明显偏低，与一次波之间存在着较大速度差异。

陆上层间多次波时距曲线方程、剩余时差变化规律等都更为复杂，再加上产生的界面来源多且横向多变、传播类型更多，使得多次波波场特征复杂，周期规律性不好，因此，层间多次波普遍具有非周期性、低阶、覆盖范围小及与深部目的层反射波相干涉的特点。特别是深层地震有效信号能量普遍较弱，多次波和有效波的能量、速度差异更小，识别和压制难度大。下面以高—磨地区为例进行说明。

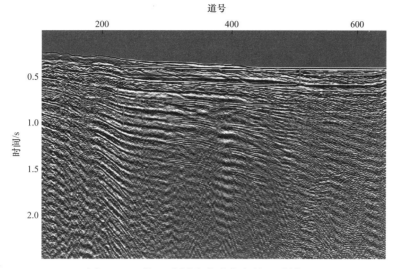

图 2-1-9 海上表层多次波发育的地震剖面

1. 强反射来源多，形成机制复杂

高—磨地区灯影组之上存在上二叠统底、下二叠统底、奥陶系底等多个泥页岩和碳酸盐岩的强反射界面（图 2-1-2），均能产生较强能量的多次波。因此，多次波的波场构成更为复杂。

2. 周期规律性不好，速度差异更小

高—磨地区典型的叠前时间偏移道集及其速度谱显示，在深层道集中只有微弱下拉现象，在目的层下寒武统和震旦系时窗内，多次波和一次波的速度差异小，局部二者的能量团甚至有一定范围的重叠（图 2-1-10 速度谱黑色箭头所指之处）。

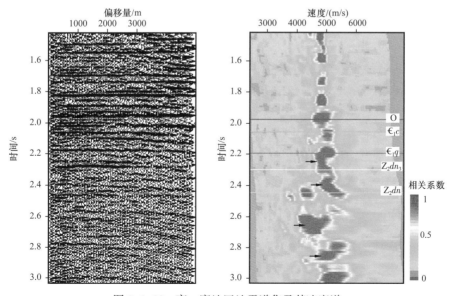

图 2-1-10 高—磨地区地震道集及其速度谱

3. 空间分布和强度变化大

地下介质和构造横向都存在一定变化，地下强反射界面往往不是全区分布，层间多次波空间分布和强度变化大，因此陆上地震数据中仅有局部数据受到多次波干扰。

第二节　层间多次波识别关键技术

多次波识别指对地震数据运用合理有效的分析手段，认识并掌握数据中多次波的种类、特征、来源和发育情况。

一、多次波常用识别方法

调研前人研究成果发现，对于多次波识别的重视程度远低于压制处理技术，因此，多次波识别相关内容少、取得的进展不大，以地震处理阶段常用的识别方法为主。

（1）叠加和部分叠加剖面识别多次波。在叠加剖面上，大部分多次波存在于某个强能量反射界面下方。地层倾斜度较小时，一阶多次波位置大概为有效波位置时间的两倍；而具有一定倾斜度的地层，多次波的倾角约为其一次反射波倾角的两倍。

（2）利用单炮记录识别多次波。同一时间位置上，沿炮检距是否存在不同斜率的同相轴。一次波的斜率缓，视速度大；多次波的斜率陡，视速度小。

（3）利用速度谱识别多次波。一般情况下，地震波在地下介质中传播速度与地层深度是正比例关系，但是多次波速度随着时间增加而减小或者基本保持不变，因此，在相同时间位置处多次波速度一般低于一次波速度，在速度谱中位于低速区。根据这个特征，可以根据速度谱能量团相对位置区分多次波和一次波，以及鉴定分析多次波的周期性、可能来源层等。

（4）动校正道集上识别多次波。在叠前道集上，当利用一次波速度进行动校正时，相应位置的一次波同相轴将被校平，而多次波将表现为校正不足，同相轴表现为向下弯曲，因此可以利用动校正道集来识别多次波。

（5）自相关识别多次波。由于多次波的周期性，使得在自相关上表现为子波的旁瓣。可根据自相关来识别和选取压制多次波的方法和参数。

（6）各种地球物理资料相结合识别多次波。除上述分析以外，还可以结合垂直地震剖面（VSP），通过与实际地震记录对比，判断地震剖面上对应反射的真实性。

以上多次波识别方法以相面为主，主观性强，但结果缺乏说服力，难以对多次波有深入的认识。实际上，多次波识别内容主要包含以下三个方面：（1）多次波类型及多次波的纵向、横向变化特点分析；（2）多次波产生来源层分析；（3）多次波的能量、频谱、周期性等特征分析。

陆上层间多次波的强反射来源多、传播类型更多，使多次波波场复杂，周期性不好。仅通过单炮、道集、速度谱或叠加剖面等方法无法实现以上三个方面的要求。除了以上以地震处理为主的识别方法之外，更加需要充分利用钻井的信息，开展更为精细的正演模拟与特征分析研究，帮助认识实际地震数据中多次波的种类、特征、性质和发育情况等。

二、多次波正演模拟及识别

地震波正演模拟是了解地震波传播特点、识别复杂地震波场信息（多次波、转换波等）、明确地质异常体地震响应特征的有效辅助手段。它假设地下地质情况、介质速度、密度等信息已知，应用地震波的运动学及动力学的基本原理，计算出所给地质模型的地震响应。其主要方法有反射率法、射线追踪法和波动方程有限差分法。

由于多次波本身的特殊性，其形成机制复杂（地表条件和地下分布复杂，以及地震波传播的问题），使层间多次波类型和特点各不相同，波场模拟更为复杂。因此，考虑到生产的实用性和效率，主要采用前两种相对简单的正演方法。

1. 垂直入射反射率法正演

1）方法原理

垂直入射反射率法以时间域一次波反射系数序列为基础，逐层递推计算上、下行波的反射系数与透射系数，进而得到包含多次波的反射系数序列，再与地震子波褶积得到包含多次波的正演模拟记录。垂直入射反射率法多次波正演模拟和常规地震合成记录计算方法一样，没有考虑地震波传播过程中的几何扩散和衰减作用，具有简单直观和快速的特点，适合大范围的层间多次波正演模拟。

2）方法应用

采用垂直入射反射率法，通过单井和地质模型进行正演模拟，初步搞清深层多次波的影响时窗范围及纵向特征。

（1）单井正演模拟识别多次波。

利用已钻井的波阻抗曲线计算出一次波和一次波 + 多次波的反射系数，和地震子波褶积得到一次波合成地震记录和一次波 + 多次波合成地震记录。分别与实际地震数据进行对比分析，用来分辨多次波。当实际地震数据中包含多次波干扰时，不包括多次波的合成地震记录和实际地震理应匹配较差，与之相反，包括多次波的合成地震记录和实际地震数据匹配更好。

图 2-2-1 为 GS1 井正演地震记录结果。通过对比可以发现，一次波合成地震记录和实际地震道在 2.1～2.4s 之间的时间范围内（红色矩形区域）匹配程度不高，而包含多次波的合成记录与实际地震更加吻合，相关系数为 0.8。特别是，井旁地震道上红色"×"标出的同相轴、能量和位置与一次波合成地震记录明显不同，更符合一次波 + 多次波合成地震记录，为多次波或受多次波影响很大的同相轴。通过单井正演模拟对比分析，可以初步推断井点位置附近是否存在多次波干扰、多次波干扰的时窗范围、能量及影响程度。

（2）剖面正演模拟多次波。

在单井正演模拟的基础上，还可通过钻井和时间构造设计地质模型进行正演模拟，进一步分析多次波横向上的特征及变化规律。

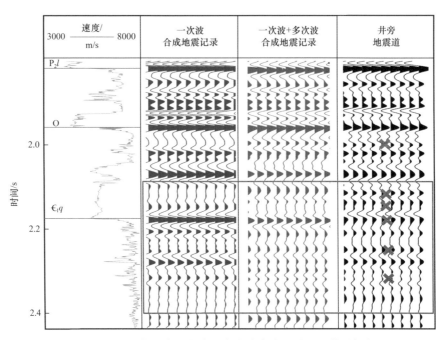

图 2-2-1 GS1 井正演一次波和多次波合成地震记录井震标定图

图 2-2-2 为利用高石梯实钻井和地震解释层位建立的波阻抗模型，采用垂直入射反射率法正演剖面。可以看出包含多次波的正演记录与一次波的正演记录存在明显差异，包含多次波的正演记录与实际地震剖面中的异常反射十分相似。在灯二段没有测井曲线的时间段上（2.4~2.6s），一次波＋多次波正演地震剖面上出现了和时间构造有小角度斜交的反射（图中黄色虚线所指），对应在实际地震剖面上清晰可见。图中其他箭头位置也能发现类似情形，基本可以认为是多次波同相轴。通过剖面正演模拟对比，进一步证实本区灯影组内部包含有较强的多次波，并对其产状等特征有了更清晰的认识。

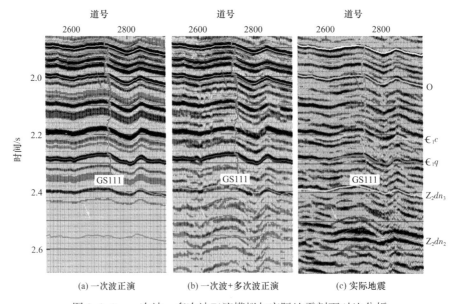

(a)一次波正演   (b)一次波+多次波正演   (c)实际地震

图 2-2-2 一次波、多次波正演模拟与实际地震剖面对比分析

2. 射线追踪法正演模拟和多次波识别

射线追踪法正演主要是依据反射和透射定律以及 Zoeppritz 方程。地震波在均匀介质中直线传播,在地层界面处进行反射和透射,当射线到达地表时记录射线位置、传播时间和实时振幅。射线正演模拟主要采用频率域反射率法(Kennett B,1979)实现层状半空间介质中全波场模拟,通过数值变换获得含多次波的叠前道集记录,更全面地了解多次波。

采用射线追踪法分别正演模拟一次波、一次波 + 多次波的叠前地震记录,和实际地震道集及速度谱进行对比分析,以确定多次波和一次波的剩余时差及速度谱特征。

1)多次波叠前正演模拟

首先,选优开展正演模拟的已钻井。除了要求测井资料品质好之外,和常规井震标定、AVO 正演模拟不同的是,目的层的多次波可能来源于中浅层所有的地层,因此,还要求井段尽可能长。

然后,依据测井资料,通过井震标定建立时深关系。最后采用射线追踪法分别正演模拟一次波、一次波 + 多次波的叠前地震记录。

图 2-2-3 为某井的正演模拟叠前道集记录图,值得注意的是,因为测井曲线截至 2.55s,所以在 2.55s 以下,(a)中基本没有一次波反射,都是算法产生的边界噪声,(b)中远偏移距有许多同相轴下拉现象,全部为多次波反射。

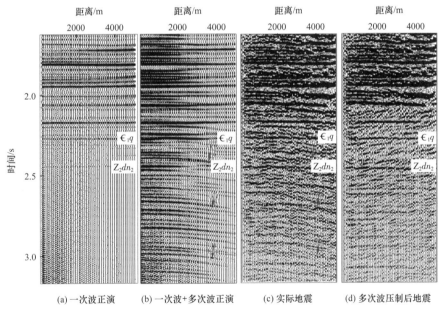

(a) 一次波正演　　(b) 一次波+多次波正演　　(c) 实际地震　　(d) 多次波压制后地震

图 2-2-3　井点正演模拟和地震叠前道集记录

对比合成的一次波和一次波 + 多次波道集记录,可清楚看出多次波和一次波不同的反射特征。2.1s 以下,多次波和一次波剩余时差逐渐增大,远偏移距的同相轴逐渐开始出现下拉现象,随着深度增加,下拉更为明显。因此,可以预测多次波主要在 2.1s 以下的深层发育。

2）多次波识别

利用多次波正演模拟的叠前地震记录和实际地震道集进行对比，用于识别多次波。

图 2-2-3（c）为过井点附近的实际地震道集。可以看到，实际地震道集的反射特征与（b）的一次波+多次波地震记录十分相似。特别是在 2.55s 以下无测井的井段，一次波+多次波叠前地震记录上有许多反射，与实际道集的下拉同相轴基本一致。由此，可以推断该地震资料深层存在较强的多次波干扰。

其次，对正演模拟叠前地震记录和实际地震道集求取速度谱，用于分析一次波和多次波的叠加速度特征，建立一次波速度趋势，进一步识别多次波。

图 2-2-4（a）和（b）为正演模拟一次波与一次波+多次波的速度谱。从速度谱上看，2.1s 以上中浅层，一次波+多次波速度谱和一次波速度谱特征一致：能量团聚焦好，纵向变化趋势清楚，随深度增加速度逐步增加，表明多次波不发育或者能量微弱。从 2.1s 开始向下，一次波+多次波速度谱上能量逐渐发散，出现了两个速度趋势：图 2-2-4（b）中白色虚线为高速度趋势、能量弱，和一次波速度谱相同，判别为有效波反射；黑色虚线所示为低速度趋势、能量强，局部有速度反转，为多次波反射。

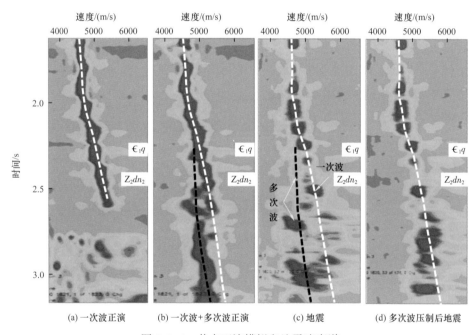

图 2-2-4　井点正演模拟和地震速度谱

在图 2-2-4（c）实际的地震速度谱上，也出现上述两个速度趋势，和一次波+多次波速度谱符合较好，判别出褐色速度趋势附件能量团为多次波响应（黄色箭头所指）。

通过以上一次波、一次波+多次波和实际地震的道集以及速度谱对比分析，得出多次波在道集和速度上的主要特征：多次波对深层地震影响较大，并且整体数量多、能量强，容易被误当作一次波；在深层，多次波和一次波时差小、局部有重叠，不易被压制，是造成研究区井震不匹配的主要原因；地层越深，多次波和一次波速度差异越大，在超深层，多次波相对容易压制。

3. 波动方程正演

射线追踪方法是一种快速有效的波场近似计算方法，其优点是概念明确、显示直观、运算简便、适应性强，可以通过求解程函方程快速、准确地计算地震波的传播时间；缺点是难以获得波的动力学特征，并且是当速度模型比较复杂时，射线分支非常多，对计算机资源消耗很大，容易使内存溢出，计算效率和模拟精度比较低。对多次波的深入研究还需要开展更为接近实际资料的复杂介质模型的波动方程正演方法，它基于连续介质模型的假设，利用连续介质弹性力学原理建立波动方程，模拟地震波在地质体中的传播规律，所得的结果具有更为丰富的波场信息，在地震资料反演、解释以及观测系统设计等方面发挥着重要作用。常用的波动方程方法主要包括有限差分法、有限元法、克希霍夫积分法、快速傅里叶变换法等，可以模拟声波介质、弹性介质和黏弹性介质等。

图 2-2-5（a）为利用测井资料计算的弹性波动方程正演模拟的炮集，在考虑了新波场后，地震反射变得更为复杂，除了一次波，还包含多次波和转换波。利用已知纵波速度进行动校正后，得到（b），一次波得到拉平，多次波反射随偏移距变大、下拉特征十分明显。从剩余时差上看，以长程多次波为主的同时，2.0s 以下还存在较多短程多次波（绿色箭头所指），通过和射线追踪模拟结果验证了层间多次波的存在和影响。（c）为动校正后的 SV-P 转换波，可以看出该区存在很强的转换波，能量较强并且不同炮检距时差小，叠加后容易形成强反射，可能会影响最终的地震剖面品质。

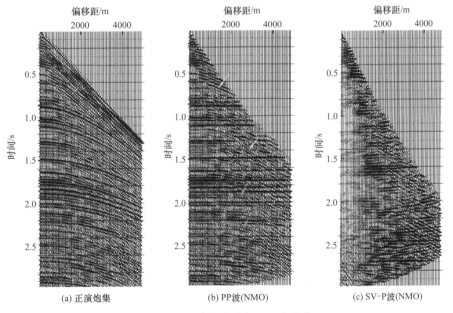

(a) 正演炮集　　　　　(b) PP波(NMO)　　　　　(c) SV-P波(NMO)

图 2-2-5　单井波动方程正演炮集

图 2-2-6 为对波动方程正演炮集进行叠加得到的地震道，它与常规褶积模型合成地震记录有很大差异（图中红色箭头所指），与实际地震剖面波组特征基本一致。这说明多次波和转换波不但能量强而且能够叠加成像，给地震剖面带来严重的影响。进一步证明，当前的地震数据中残留较强的多次波干扰，需要进行压制。

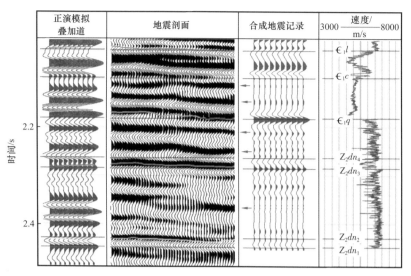

图 2-2-6　波动方程正演炮集叠加和地震剖面对比图

三、多次波来源分析和识别

1. 多次波来源分析思路

在识别地震数据多次波的基础上，还必须研究产生各种多次波的原因，从源头抓起，搞清多次波的产生机理。了解层间多次波的形成机理就意味着识别出其产生界面，使多次波的压制针对性更强，一定程度上减少了压制多次波的不确定性。

2. 下行波可控反射率法正演模拟

目前多次波来源分析的手段十分有限。在叠后阶段，可以在叠加剖面上选出能量强的同相轴，然后通过旅行时、构造形态等信息大概判断层间多次波产生的位置。当地下反射界面倾角较小时，如果在强反射界面下方存在另一组与其形态一致，且出现时间小于其 2 倍的反射同相轴时，以此判断该反射为多次反射源。

根据地震反射的形态和外观识别多次波来源的方法，识别准确与否与地震资料品质关系很大，并且带有强烈的主观色彩，对解释人员经验依赖较强，识别结果说服力不足。当强反射界面较多、多次波来源可能性较多、多次波波场特征复杂时，更无法判断其来源层位。

针对当前多次波识别方法的不足，研发了一种强反射屏蔽法分析和识别多次波来源的方法。该方法利用改进后的垂直入射反射率法，分别对潜在来源层产生多次波的影响程度进行分析，以实现了解地震波传播特点、识别多次波的来源层位的目的。

1）方法原理

为了快速实现中浅层某个界面生成多次波程度的对比分析，杨昊等（2017）针对复杂层间多次波识别问题，改进了时间域一维反射率法正演模拟方法，针对性地为每个反射界面加入一个下行反射控制系数，用于控制最终正演记录中是否包含源于当前界面下行反射的多次波，为查找多次波、识别其产生源头提供了有效手段。

图 2-2-7 给出了垂直入射情况下所有可能的地震波反射路径。为了方便讨论，将所有叠合的垂直入射和反射路径沿倾斜方向表示，剖面中各层的划分原则是使在每一层内地震波的双程垂直旅行时间都相等，r_j（$j=0$，1，…，N_r-1）表示第 j 个反射界面的一次波下行反射系数，垂直入射反射率法多次波正演模拟的目标是求取图中 t_j（$j=0$，1，…，N_r-1）时刻地表所接收的上行波能量。

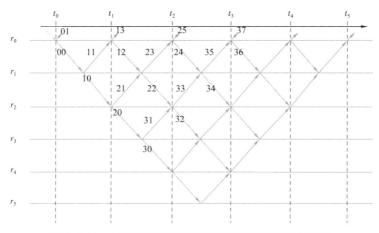

图 2-2-7　水平层状地层地震波反射与透射路径示意图

根据反射和透射定律，某个反射界面 j 的地震波反射和透射路径如图 2-2-8 所示，r_j 表示反射界面的一次波下行反射系数，图 2-2-8（a）、（b）分别图示出下行波 d 和上行波 u 振幅的组成。

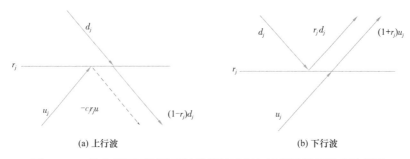

（a）上行波　　　　　　　　　　　　（b）下行波

图 2-2-8　单个界面下行波可控地震波反射与透射及振幅组成示意图

如图 2-2-8（a）所示，一般对于任意反射系数为 r_j 的反射界面，下行波能量的公式为

$$d_{j+1}=-r_j u+（1-r_j）d_j \tag{2-2-1}$$

上行波能量的公式为

$$u=r_j d_j+（1+r_j）u \tag{2-2-2}$$

对于任意反射系数为 r_j 的反射界面，对上行波增加一个下行反射控制系数 c_j，以控制该界面是否产生多次波。更新后的下行波振幅公式为

$$d_{j+1}=-c_jr_ju+（1-r_j）d_j \qquad （2-2-3）$$

式中 $c_j=0$ 和 $c_j=1$ ——去除和包含与第 j 个反射界面有关的多次波。

如图 2-2-7 所示，根据各小层内地震波走时相同的特点，可以按照标号从小到大的顺序计算各段波的能量，即 00、01、10、11、12、13、20、21、22、23、24、25、…，迭代过程如下：

$$
\begin{aligned}
&d_0 = 1;\\
&for: k=0.1,\cdots,N_r-1\\
&\quad repeat\\
&\quad\left\{
\begin{aligned}
&u = 0\\
&for: j = k, k-1,\cdots 0\\
&\quad repeat:\\
&\quad\left\{
\begin{aligned}
&d_{j+1} = -c_jr_ju + \left(1-r_j\right)d_j;\\
&u = r_jd_j + \left(1+r_j\right)u;
\end{aligned}
\right.\\
&\quad d_0 = 0;\\
&\quad \tilde{r}_k = u;
\end{aligned}
\right.
\end{aligned}
\qquad （2-2-4）
$$

在以上迭代过程中，通过控制某个界面使 $c_j=0$，即可屏蔽该界面所产生的下行波，以获得去除某个或多个反射界面相关多次波的反射系数序列及其正演模拟记录。

2）工作流程

基于以上算法，通过屏蔽中浅层界面前后反射系数并正演得到是否含有该层下行多次波的正演记录，与一次波的正演记录、实际地震道对比分析，分析该层产生多次波的程度，识别出实际地震数据中的残留多次波，并判断该层是否为主要多次波来源。

具体工作流程见以下步骤（图 2-2-9）。

（1）波阻抗曲线方波化处理，消除薄层和异常值的干扰，保持厚层界面信息。

地层反射系数为上、下地层的相对变化率，对地层的速度和密度异常值十分敏感。声波和密度等测井系列受本身测量方法和仪器所限，实际井眼环境对声波和密度测井质量有较大程度的影响，当井眼影响使测井仪器工作状态不好、测量信号失真时，测井曲线往往会包含较多异常值，存在较多高频噪声。

此外，薄互层地层高低波阻抗交替变化，表现为多组正、负相间的反射系数。例如图 2-2-10 中 1000m 以深的井段，录井显示地层为陆相砂泥岩薄互层沉积，理论上具有

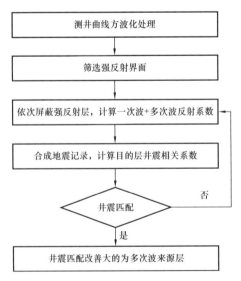

图 2-2-9 下行波屏蔽识别多次波来源流程图

相对稳定的速度，但由于小层太薄、易受噪声干扰，求取的反射系数存在大量正负反射系数的噪声，无法准确分析大的速度界面，如图2-2-10（a）中红色矩形。由于地震数据有效频率通常在5~100Hz之间，声波测井有效频率为10~25kHz，测井频率远远高于地震频率，在调谐作用下，此类数值较大、正负相间的反射系数对地震成像没有大的影响。

因此，原始测井曲线计算的反射系数不能真实体现出地层的纵向波阻抗变化特征，需要对测井资料进行方波化处理，消除异常值干扰和不稳定薄互层影响，保持厚层界面信息，使测井曲线频带接近地震频带，以确定强反射界面的位置和反射系数（表2-2-1）。

图2-2-10（b）为方波化后的波阻抗曲线，消除和减少了薄互层和异常值后，相应的反射系数很好地符合地层纵向变化特征。

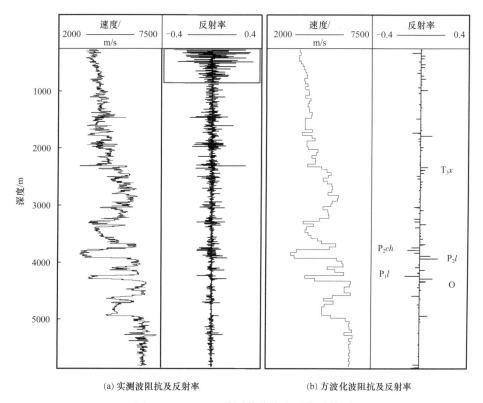

图 2-2-10　GS1 井测井曲线和反射系数图

（2）计算地层反射系数，并从大到小排序，将一次反射系数中大于预设阈值的反射界面作为强反射界面，筛选出潜在的产生强多次波的强反射界面。

对地层反射系数排序，筛选出五个反射系数最大的界面作为潜在来源界面，分别对应奥陶系底 O_1、上二叠统底 P_2l、上三叠统须家河组底 T_3x_1、侏罗系底 J_1、下三叠统飞四段底 T_1f_4。

（3）依次在筛选出的强反射界面上，模拟屏蔽下行反射波后的反射系数。

利用获得的一次反射系数序列通过反射率法计算得到全井段包含多次波的反射系数序列；结合筛选的强反射界面，依次屏蔽强反射层下行波，重新通过下行波可控反射率法计算得到强反射层以下井段包含多次波的反射系数序列。

表 2-2-1 GS1 井强反射界面列表

界面	地层界面	反射系数	时间位置 /s
T1	O_1	0.2432	1.9160
T2	P_2l	0.2211	1.7800
T3	T_3x_1	0.2024	1.1240
T4	J_1	0.1918	0.8000
T5	T_1f_4	0.1662	1.5040
T6	$\in_1q$	0.1337	2.1400
……	……	……	……

图 2-2-11 为波阻抗曲线及其一次反射系数和屏蔽不同强反射界面下行反射波的一次波 + 多次反射系数图，R0 为全井段一次反射系数；R1 为屏蔽 T1 层强反射界面下行波得到的所有一次波 + 多次波反射系数，同理依次去除 T2、T3、T4 和 T5 层及其以上的反射系数，分别得到 R2、R3、R4 和 R5。图中红色箭头所指为屏蔽下行波所在的界面位置。

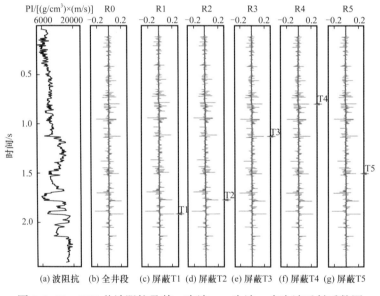

图 2-2-11 GS1 井波阻抗及其一次波、一次波 + 多次波反射系数图

（4）合成一次波的正演记录和包含多次波的正演记录；计算目的层时窗实际地震道和屏蔽下行反射波前后正演记录之间的波组特征和互相关系数，识别出实际叠后剖面中的残留多次波和来源界面。

理论上，在同一时窗内，屏蔽前包含多次波的正演记录和实际地震道二者的波组特征更相近，而屏蔽后包含多次波的正演记录和一次合成地震道二者的波组特征更相近。

因此，屏蔽某个界面后，如果包含多次波的正演记录和实际地震道相关系数减小、与常规一次合成地震记录相关系数增加，则指示该界面产生的多次波对目标时窗有影响，前后变化得足够大，则该界面为产生多次波的主要来源地层。

图 2-2-12 为对应图 2-2-11 的地震道和屏蔽不同强反射界面下行波后的正演地震记录，其中 Se 为井点处实际地震道，Sy 为全井段一次波合成地震记录，Sy0 为全井段一次波 + 多次波合成地震记录，Sy1—Sy5 分别为屏蔽 T1—T5 界面下行波后的合成地震记录。

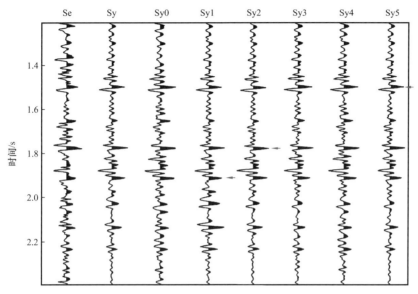

图 2-2-12　GS1 井地震道和正演地震记录

在图 2-2-12 中 2.0～2.4s 的目的层附近，一次波合成地震记录 Sy 与实际地震道 Se 波组特征有较大差异：强反射振幅的个数不同，实际地震道 Se 与含有多次波的正演记录 Sy0 明显有多个强能量振幅；而含有多次波的正演记录 Sy0 与实际地震道 Se 符合更好，验证实际地震资料在该段时间范围内残留了较强的多次波干扰。

依次求取目的层时窗屏蔽后正演记录与实际地震道、一次波合成地震记录的互相关系数（表 2-2-2）。屏蔽不同界面后，正演记录与一次波合成地震道 Sy 的互相关系数在增大，而与实际地震道 Se 的互相关系数在减小。特别是屏蔽 T1、T2 和 T5 层后，地震道和多次波合成地震道相关性明显减小，而一次波合成地震道和多次波合成地震道相关性明显增大，说明 2.2～2.4s 窗口中的多次波主要来源于以上三个界面。

表 2-2-2　时窗（2.2～2.4s）互相关系数表

屏蔽的界面	合成记录	和地震道相关系数	和一次波地震记录相关系数
无	Sy0	0.85	0.65
T1	**Sy1**	**0.65 ↓**	**0.83 ↓**
T2	**Sy2**	**0.67 ↓**	**0.81 ↓**
T3	Sy3	0.73	0.72
T4	Sy4	0.75	0.70
T5	**Sy5**	**0.65 ↓**	**0.83 ↓**

一次波和多次波合成地震记录正演，通过计算合成地震记录和实际地震道的相关系数，实现半定量的多次波识别，可以直接针对某些复杂层位，识别出产生多次波的地层。

3. 自适应变步长波场延拓可控层分阶层间多次波模拟

当前的有限差分方法、伪谱法、有限元法等模型驱动的波场模拟方法可模拟总波场信号，但是无法将一次波和层间多次波信号分离，或者实现指定地层之间的层间多次波分阶模拟，以直接实现对层间多次波及来源层的辅助识别。

匡伟康等（2020）提出了一种基于自适应变步长波场延拓的可控地层分阶层间多次波模拟方法，该方法基于全波场模拟技术，在算法中添加双重层位约束，即指定产生下行反射的地层和产生上行反射的地层，模拟指定地层产生的各阶层间多次波，辅助实际数据中的层间多次波识别，用于指导制订更加精细的层间多次波处理策略。

图2-2-13为塔里木地区实际地震层位和测井数据得到的速度模型，目的层奥陶系碳酸盐岩埋深5.5～6.5km，上覆依次为石炭系石灰岩和侏罗系低速层。研究发现，上覆地层存在多个波阻抗强差异界面，如图中虚线标注三组地层界面A、B、C，可形成复杂多次波波场，干扰了奥陶系地震反射，加大了碳酸盐岩储层解释的难度，需要正确识别、处理干扰奥陶系碳酸盐岩储层反射信号的层间多次波能量。

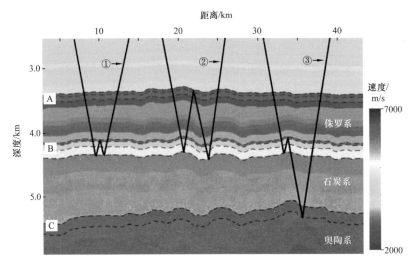

图2-2-13 塔里木地区某速度模型剖面（据匡伟康等，2020）

为了分析影响奥陶系层间多次波能量的主要来源，分别添加双重层位约束控制波场模拟过程中产生上行反射和下行反射的层位，模拟得到多种组合的一次波和一阶层间多次波的叠加波场。通过模拟得到的不同界面层间多次波道集和剖面，可辨别出实际地震剖面中的多次波来源和路径。图2-2-13中①、②、③标示出了主要的传播路径，表示三组地层之间产生层间多次波的三种不同路径。

图2-2-14展示了模拟层间多次波和实际数据叠加剖面对比。紫色箭头所指为地层组B内的多次反射产生的层间多次波同相轴，如路径①所示；绿色箭头所指的层间多次波为主要由地层组A和地层组B的多次反射产生的同相轴，如路径②所示；蓝色箭头所指为

地层组 B 和地层组 C 多次反射产生层间多次波的同相轴，如路径③所示。对比识别之后，可清楚地看到层间多次波的存在导致叠加剖面的同相轴分辨率降低和连续性变差：（a）中紫色箭头所指部位，一次波同相轴变宽并带有拖尾现象，分辨率明显下降；绿色箭头和蓝色箭头所指同相轴难以追踪，连续性显著变差。

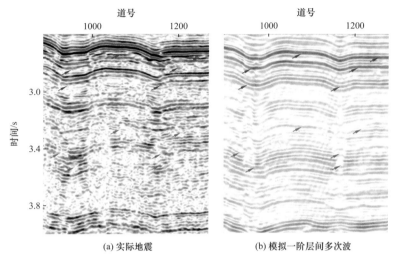

图 2-2-14　塔里木地区实际地震和模拟一阶层间多次波叠加剖面对比图（据匡伟康等，2020）

四、多次波平面发育强度预测

目前地震资料中，常用的速度谱、叠加剖面、地震叠前道集上识别多次波方法，都只能实现单个观测点（一个叠前地震道集或一个地震速度谱）和一条观测线（叠加地震剖面）的多次波识别，无法得到多次波在工区平面上的整体发育程度和分布情况。事实上，地下构造和地层横向变化很快，多次波在平面上也具有强烈的非均质特点，单个点和单条线的结果显然无法代表整个地震工区的情况，满足不了多次波识别和压制效果评价的需要。由此可见，目前多次波识别方法、识别能力仍有所欠缺，难以满足处理和解释过程中对层间多次波识别和预测的需要。

针对现有技术方法的不足，Dai 等（2020）提出了基于地震速度谱求取速度展度识别多次波的新方法，并通过速度展度沿层属性，定量评价平面上多次波的发育程度和范围。相对以往多次波识别方法，该方法实现效率高、人为干扰小、结果直观，能够识别和预测整个地震工区多次波的整体发育程度和分布情况。速度展度识别多次波的方法，提高了多次波识别的能力，丰富了多次波识别和处理监控方法，具有一定的实用性。

1. 技术思路和原理

通常情况下，多次波和一次波具有不同的传播速度。因此，当地震记录中存在多次波干扰时，速度谱通常会表现出能量团不聚焦、在时间轴上速度变化趋势不唯一等现象。通过分析能量团分布特征，可以看出受到不同程度的多次波干扰，速度谱上表现出一定的变化规律。

如果地震资料没有多次波或多次波干扰较弱时，能量团单一、聚焦好，能量团横向较窄。如果地震资料存在多次波干扰，除了一次波反射形成的能量团之外，多次波也能形成能量团。当多次波速度和一次波速度接近时，二者的能量团会相互叠加，部分重叠在一起，能量团外形变扁平，能量团的起始速度略微降低，对应叠加速度宽度增加。当多次波速度和一次波速度相差较大时，二者会分离出现两个独立的能量团，能量团的起始速度更低，对应更大的叠加速度宽度。无论是哪种情况，当某个时间存在多次波干扰时，速度谱上能量团对应的叠加速度范围会变宽，而且，多次波速度和一次波速度差异越大，叠加速度范围也越宽。

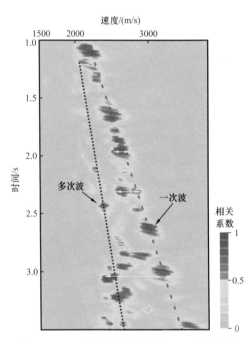

图 2-2-15 鄂尔多斯盆地某 CMP 点的地震速度谱图

图 2-2-15 为鄂尔多斯盆地某个 CMP 点的速度谱。从速度谱上看，在 2.0s 以上的浅层多次波不发育，一次波能量团聚焦好、能量集中，其能量团对应的叠加速度范围小。在 2.0s 以下之间的时间段内，多次波逐步开始发育。在速度谱上能量逐渐发散，出现了分别代表多次波反射的低速速度趋势（黑色虚线）和有效波反射的高速速度趋势（红色虚线）。能量团分布受到不同程度的多次波干扰，速度谱上表现出一定的变化规律。例如 2.0s 处没有多次波或多次波干扰较弱，能量团速度范围为 2230～2450m/s，速度差为 220m/s；2.3s 处多次波速度和一次波速度接近，能量团对应的速度范围为 2600～2920m/s，速度差为 320m/s；3.0s 处多次波速度和一次波速度相差较大，两个能量团对应的速度范围为 2000～3200m/s，速度差变大为 1200m/s。

因此，利用这个特点和速度谱的三维空间覆盖性，通过求取速度谱上能量团对应的叠加速度的宽度，可实现多次波的定量预测。为了说明方便，本书将速度谱上叠加能量团对应的起始速度和最终速度之间的差值定义为速度展度。

对于任意一个 CMP 点的地震道集，其速度谱可以用一个二维数组 $A(t, v)$ 来表示，其中 t 为时间，v 为速度，A 为速度谱值（叠加能量或相关系数）。对 $A(t, v)$ 中同一时刻搜寻有效能量团对应的初始速度和最终速度，二者的速度间隔即为该时刻的速度展度。

2. 技术流程和关键技术

通过速度展度预测多次波平面分布的工作流程如图 2-2-16 所示。首先，获取叠前地震 CMP 道集，对道集进行优化处理后，计算三维区地震速度谱；其次，对速度谱上能量团进行判别，进行类别分割，得到速度谱类别数据；统计计算有效能量团的速度范围，得到速度展度；最后，对速度展度提取沿层属性，获取展度切片用于分析多次波平面上发育程度。为了提高预测精度，中间利用已知井和地震标定的相关系数和井点处展度属性进行对比，检验展度的可靠性，通过迭代提高预测精度。

其中关键步骤和技术包括以下几点。

1）划分速度谱类别

划分速度谱类别即速度谱有效能量团识别，也是进行速度展度求取的关键。

最简单的方法是采用门槛值判断，大于某个值即有效能量，反之则为无效能量。然而，受到采集、处理和处理技术的多方面影响，地震数据的能量和信噪比在横向和纵向上均会发生变化，这种变化造成速度谱的质量也有较大差异。采用单一的门槛值方法笼统地应用到整个地震工区进行划分会产生较大的误差。因此，采用更为有效的图像二值化方法进行速度谱类别分割处理。

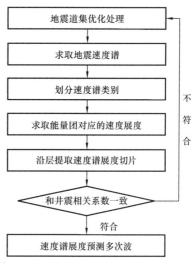

图 2-2-16　多次波平面预测技术流程

将速度谱 $A(t, v)$ 转换为二维灰度图像数组。选择图像分割算法，确定图像分割阈值，对速度谱进行二值化处理，将速度谱值分成背景和目标两种类别，实现速度谱的类别分割。其中目标类别赋值为 1，表示速度谱上地震反射形成有效能量团；背景类别赋值为 0，表示包括随机噪声、异常值等的背景数值。

采用类间方差划分算法划分类别（Otsu，1979）。类间方差最大的分割意味着错分概率最小，计算以每个灰度值为阈值分割的类间方差，其中类间方差最大的值为阈值。

将速度谱 $A(t, v)$ 按照数值从小到大排序，并记为灰度值 c_i（$i=1$，2，$\cdots$，N）。其中 N 为总的网格点数，且 $N=m \times n$；m 为时间采样点数；n 为速度采样点数。

由式（2-2-5）计算此 CMP 点速度谱的类间差 σ_k：

$$\sigma_k = \frac{(N-k)k}{N^2}\left(\sum_{i=k+1}^{N}\frac{c_i}{N-k} - \sum_{i=1}^{k}\frac{c_i}{k}\right)^2 \tag{2-2-5}$$

式中　σ_k——类间方差；

c_i——灰度值；

k——序号。

当 σ_k 取最大值时对应的灰度值 C_k 即为阈值。以 C_k 为阈值，将速度谱划分为两种类别，得到速度谱类别 $T_{i,j}$：大于阈值的为有效能量团，其余为背景噪声。

图 2-2-17（a）为某 CMP 点的速度谱，颜色代表相关系数，取值范围为 0～1；横坐标为相对速度百分比，变化范围为 80%～120%，相对速度变化间隔为 1%，即横向速度网格数 $m=41$；纵坐标为时间，时间间隔为 4ms，时间长度为 1.2～3s，可知纵向时间网格数 $n=450$。因此，此 CMP 点的速度谱包括了 18450（41×450）个网格点数值。

图 2-2-17（b）为该 CMP 点的速度谱类别划分结果，图中白色网格点代表类别 1，表示速度谱上有效能量团；黑色网格点代表类别 0，表示背景噪声。

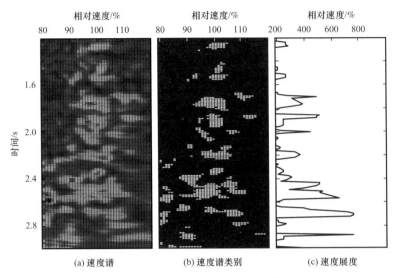

图 2-2-17　某 CMP 点的地震速度谱及和速度展度图

2）求取速度展度

速度谱类别 $T_{i,j}$ 上，对于每个时间 i 都是一个由 $T_{i,1}$，$T_{i,2}$，$T_{i,3}$，$\cdots$，$T_{i,n}$ 组成的一维数组。按照时间顺序逐点计算速度展度 E_i。

采用以下计算方法，按照时间顺序逐点求取每个时间的速度展度 E_i：对数组 $T_{i,1}$，$T_{i,2}$，$T_{i,3}$，$\cdots$，$T_{i,n}$ 记录下类别 1 出现的初始相对速度和最终相对速度的位置，二者位置相减得到该时间点的速度展度 E_i。

图 2-2-17（c）为同一个 CMP 点的速度展度，可见，随着时间增加，速度展度逐渐增加。在 2.4～2.8s 展度最大，说明此 CMP 点上在这个时间范围内存在不同速度的能量团，指示该时窗范围内多次波发育。

3）沿层提取速度展度切片识别多次波

对速度展度体，沿一定的时窗范围内求取速度展度属性，获得展度切片，并进行多次波的平面识别和预测。

一次波地震反射主要受地层因素的影响，因此，在相同的地质层位，地震资料整体上具有相似的反射特征，其速度谱也具有很好的相似性，速度展度相同。如果在该地质层位存在来自浅层的多次波地震反射，那么地震速度谱上，会在相对一次波速度的低速区域也形成能量团，使得能量团在速度谱上横向距离增大，即速度展度变大。并且，展度变化越大说明多次波速度和一次波速度差异越大。

因此，能够在地震资料解释研究中利用速度展度切片分析地震资料中多次波的整体发育程度和平面分布情况。速度展度切片的数值取值范围越宽，多次波越发育；在平面上，展度属性值大的区域指示多次波发育的区域。同时，基于速度展度，能够划分出地震资料不可靠的区域，对解释成果的可靠性提供有价值的参考，降低勘探开发中井位部署的风险。

此外，在地震资料处理中，通过多次波压制处理前后的展度平面属性对比，反映出多次波压制程度，辅助分析多次波压制的处理效果，指导处理人员优化处理参数、合理压制地震数据中的多次波，减少压制多次波的不确定性，实现多次波压制处理的参数优选和定量监控，更好地提高地震资料信噪比和成像效果。

3. 技术效果

1）模型试算

通过已知井正演模拟结果进行模型试算、验证速度展度和预测多次波的有效性。

图 2-2-18 为某井正演模拟的一次波和一次波＋多次波的叠前道集，计算速度谱后求取速度展度。对比一次波和一次波＋多次波道集可知，多次波主要在 2.1s 以下的深层发育，在局部范围 2.3～2.45s 多次波的能量较强（图中红色方框所示）。在多次波发育的时窗内，一次波＋多次波道集的速度谱上对应出现明显的低速异常能量团，相比一次波速度谱，能量团聚焦变差、叠加速度范围变宽，表现为典型的多次波速度谱特征。相应的，一次波＋多次波的速度展度曲线值在多次波发育的时段明显高于一次波的速度展度。图 2-2-18（c）为一次波和一次波＋多次波速度展度的残差曲线，由于减去一次波的速度影响，该曲线直接反映了多次波的叠加速度。理论上，在展度残差曲线上没有多次波的区域残差为零；多次波发育的区域残差为正值。模型试算表明，相对速度谱识别多次波的方法，速度展度值能够更好地指示出多次波发育的区域，并且实现定量化预测。

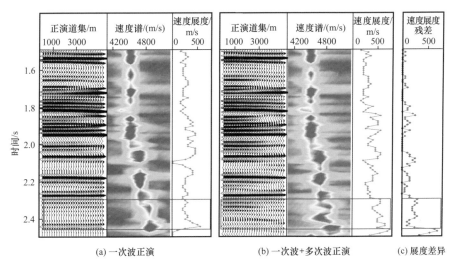

(a) 一次波正演　　　　　　　(b) 一次波＋多次波正演　　　　(c) 展度差异

图 2-2-18　某井正演模拟道集、速度谱和速度展度对比图

2）高石梯灯影组多次波平面预测

采用该方法，在 GS1 井三维进行了应用、并用已钻井进行检验。

图 2-2-19 为 GS1 井三维灯影组灯四段的展度属性平面图，采用的是以往处理的叠前时间偏移 CRP 道集，速度谱分析间距为 400m × 400m。

高一磨地区灯四段岩性以大套白云岩为主，内部地层测井波阻抗差异较小，地震反射均为相近的弱反射，对应其速度谱也应具有很好的相似性，速度展度大小接近。如果在灯四段展度切片上出现局部速度展度变大的区域，表示在地震速度谱上，除了一次波对应的能量团，还存在和一次波不完全重合的由多次波形成的能量团，使得能量团在速度谱上横向距离增大。切片上展度属性数值取值范围越宽、展度属性值越大的区域，多次波越发育。

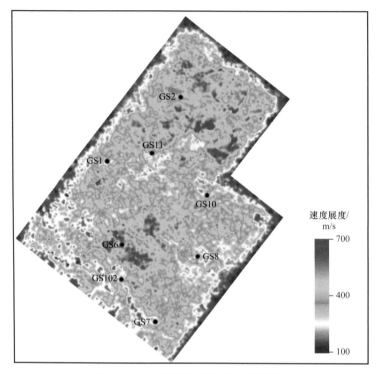

图 2-2-19　高石梯灯影组展度属性图

从平面上看，GS1井三维区速度展度属性在平面上存在较强的非均质性，指示多次波干扰在空间上分布很不均匀。在灯影组四段主力气藏附近，强能量多次波干扰主要位于GS2井和GS6井周围，其速度展度在500m/s以上。

为了评价本次利用速度展度预测多次波的能力，通过灯影组测井合成地震记录和实际地震道的相关系数，验证多次波预测的可靠性。图 2-2-20（a）为GS1井的井震标定图，该井灯四段测井合成地震记录和地震道整体能够有效对比，相关系数为0.64，局部存在较强能量的干扰波，该井附近速度展度为270m/s。GS6井附近速度展度为460m/s，表示多次波干扰强，地震资料信噪比低。图 2-2-20（b）为GS6井的井震标定，该井井震标定很差，相关系数很低，其真实的地震反射已大部分被强多次波干扰所掩盖。

在GS1井三维区内，利用所有探井的井震标定结果对速度展度属性结果进行检验。10口井测井合成地震记录和实际地震道整体相关性都不高，井间差异较大，相关系数为0.14～0.75，平均相关系数仅为0.56，表明灯影组多次波干扰较为严重，并且横向分布不均匀，整体上符合速度展度属性预测的多次波平面规律。将井震相关系数和速度展度属性进行相关性分析，二者具有很好的负线性相关性（R^2=0.87），充分证明速度展度属性能够有效地预测多次波干扰的程度。

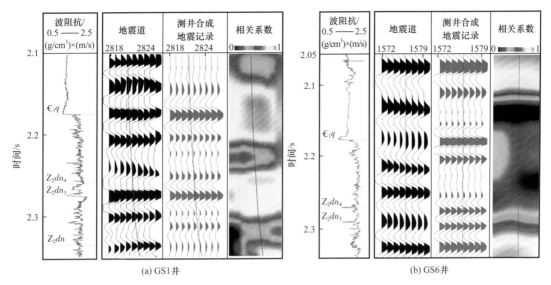

图 2-2-20　典型井灯影组井震标定图

第三节　安岳深层和超深层多次波识别效果

从高—磨地区深层勘探开发中发现已钻井合成地震记录与实际地震资料不匹配的问题开始，通过地震资料分析和技术攻关，在三个方面实现了该区多次波的识别和认识突破，证实了该地区灯影组及超深层存在强能量的层间多次波干扰，并明确了深层多次波的速度特征，指出了产生灯影组多次波的三个主要来源界面，并实现了多次波平面发育强度分布的预测（甘利灯等，2018）。

一、多次波识别及特征认识

从井震不匹配入手，首先排除了不匹配是由测井资料质量问题和地震资料处理严重失误，以及 AVO 现象所造成的，然后从上覆地层存在速度反转、叠前道集和速度谱具有多次波特征、含多次波声波方程和反射率法正演合成记录与实际记录更加吻合，论证了不匹配是由层间多次波造成的，最后通过 GS1 井和 GS6 井 VSP 资料证实了该结论。

1. 消除测井资料误差影响

井震匹配质量不仅受地震资料影响，同时也与测井声波和密度曲线关系密切。声波和密度受井眼条件影响比较大，特别是密度曲线径向探测深度很浅，更容易受到井况的影响，往往会对合成地震记录、储层评价等一系列工作带来较大误差。

对测井资料分析发现，密度曲线由于受到井眼和测量环境影响，出现了大幅度的低密度数值。例如 GS2 井的密度曲线有大幅度低密度值井段，与井径变差有所关联，存在明显扩径。岩心分析密度数据与实测测井密度有很大的差别，岩心分析密度数据变化幅度都不大，没有过低数值，与实测中子和声波时差曲线趋势更为接近，证明存在低密度异常值。因此，采用随机森林的机器学习方法对密度曲线进行拟合和校正，以消除测井误差对分析结果造成的影响。

图 2-3-1 为校正前后密度（蓝色曲线）及合成记录。经过环境校正后，（b）合成地震记录同井旁地震道之间目的层段相关性较原始合成记录得到一定改善，但仍然有较强的地震反射轴与合成记录匹配不上，基本可以排除测井资料的可能性。

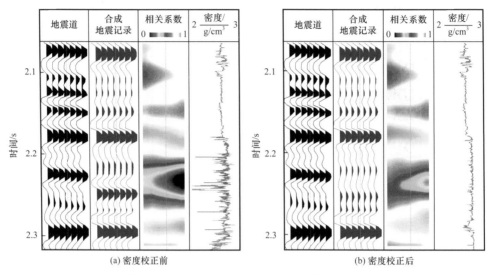

(a) 密度校正前   (b) 密度校正后

图 2-3-1　GS2 井密度曲线校正前后井震标定图

2. 排除地震处理失误及 AVO 影响的可能性

影响地震资料时间和振幅信息的因素很多，除了地震原始单炮质量和技术方法本身之外，地震资料面貌很大程度还会受处理流程和参数等因素影响。要分析井震不匹配的成因，也要排除外部处理因素造成的影响。

图 2-3-2 为三家单位在不同时间处理的地震数据的井震标定图，可见三家单位处理结果大体一致，在井点处均存在井震匹配程度低的现象（红色箭头所指），说明灯影组井震不匹配问题并非某次处理流程存在严重失误所致。

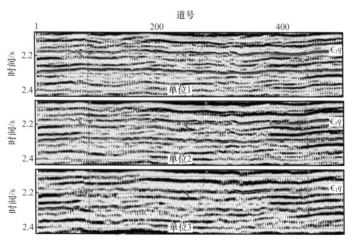

图 2-3-2　三家不同单位处理的地震成果资料连井剖面

此外，如果某些界面的反射振幅随偏移距增加而增加，即存在 AVO 现象，那么叠加后的振幅会比一次波合成记录的振幅强，也会造成井震不匹配。通过 Aki–Richards 方程正演模拟的叠前道集，用于分析 AVO 对地震反射振幅的影响程度。正演模拟结果近道与远道叠加剖面特征基本一致，AVO 现象不明显。实际地震道集与正演道集的近、远道部分叠加，近道与远道叠加剖面特征基本一致，无论是近道部分叠加还是远道部分叠加，都存在井震不匹配问题，由此排除了 AVO 现象是导致灯影组井震不匹配主要因素的可能性。

3. 地震剖面识别

通过常规方法，对于某些特征明显、异常强反射或倾角明显不同地层产生的层间多次波，有时也能从地震剖面加以识别。如在高—磨地区叠加剖面上通过同相轴形态和时间识别出超深层的较强能量多次波。

图 2-3-3 为研究区叠前时间偏移后的叠加剖面，超深层近水平层状地震反射和浅层地震强反射整体上在反射特征和构造形态上具有高度的相关性。图中超深层 3.5～4.0s 之间的地震反射（蓝色方框）和浅层（绿色方框）奥陶系底地震强反射具有极为相似的低频、强能量特征，分别提取这两组地震反射的平面属性发现低频发育范围十分相似，表明超深层存在强能量层间多次波［图 2-3-3（b）、（c）］。

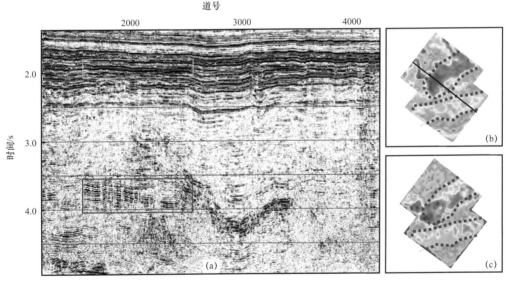

图 2-3-3　叠加（纯波）剖面及上下地层瞬时频率属性对比图
（a）叠加（纯波）剖面；（b）浅层瞬时频率（黑线为剖面位置）；（c）超深层瞬时频率

4. 地震道集和速度谱特征

从叠前道集和速度谱上，初步判断出深层—超深层可能存在多次波，而且越深的地方多次波相对更为发育。

图 2-3-4 是 GS1 井三维典型的道集和速度谱，可见 1.5s 以浅地层一次波能量团十分清晰，道集同相轴没有下拉现象；1.5s 以下深层地层速度谱能量团开始发散；到了灯影组

（2.15～2.45s），道集存在微弱下拉现象，速度谱上能量团更加发散，且存在低速能量团；2.8s以下超深层震旦系，低速能量团更加明显，有些强度与一次波差不多，道集下拉现象更加明显。即在灯影组道集和速度谱上虽然有多次波特征，但一次波与层间多次波能量和速度差异小、压制难度大。

5. 多次波正演模拟识别

在测井和地震资料分析的基础上，通过地震正演进一步论证层间多次波的存在并确定其基本特征。

通过单井垂直入射反射率法正演模拟和地震资料对比，识别出井点处多次波反射及其主要发育的时窗范围、能量及影响程度（图2-2-1），认为层间多次波主要发育在下寒武统及以下的地震资料中。通过多个二维地质模型和正演模拟剖面，辅助识别出地震剖面上多次波反射（图2-2-2）。

基于射线追踪法正演模拟一次波和一次波+多次波叠前地震记录（图2-2-3），对比实际地震道集和速度谱（图2-2-4），确定了多次波在道集和速度谱的特征：在主要目的层下寒武统和震旦系，多次波和一次波的速度差异小，多次波也能叠加成像，是该区地震资料中多次波干扰强、难识别、难压制的主要原因。

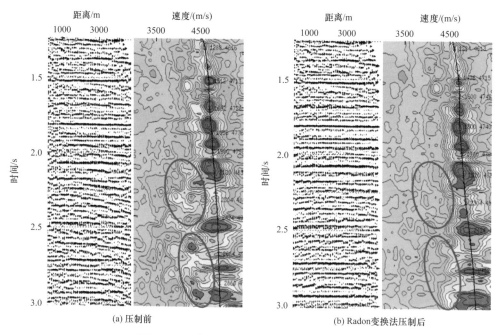

(a) 压制前　　　　　　　　　　　　(b) Radon变换法压制后

图2-3-4　高石梯地区典型道集和速度谱图

6. VSP资料验证

由于VSP资料在地面激发、在井中接收，更接近目的层，可以更好地分析波场特征。上行波场中对于某一个界面的响应是由下行的入射波场和这个界面的反射系数决定的，在数学上可以通过褶积的方式来表示。因此，通过上下行入射波场之间的反褶积可以得到该界面的反射系数。基于此理论，对 VSP 数据波场分离得到上下行波场，反褶积后达到压制多次波的目的。

图 2-3-5（a）、（c）分别为 GS1 井反褶积前后 VSP 道集和走廊叠加，（b）是一次波合成记录。为了尽可能地保持原始资料的特征，反褶积处理前，仅对 VSP 原始资料做了能量均衡和拉平处理。反褶积前走廊叠加与一次波合成记录对比可见，VSP 资料在筇竹寺组和灯影组也存在不匹配问题（箭头所示）；反褶积后筇竹寺组和灯影组强能量得到了压制，VSP 走廊叠加与一次波合成记录匹配程度得到大幅提高，这也在工区内 GS6 井 VSP 资料得到了证实。而反褶积处理是 VSP 资料消除层间多次波的经典技术，从另一个方面进一步验证了灯影组井震不匹配是由层间多次波造成的。

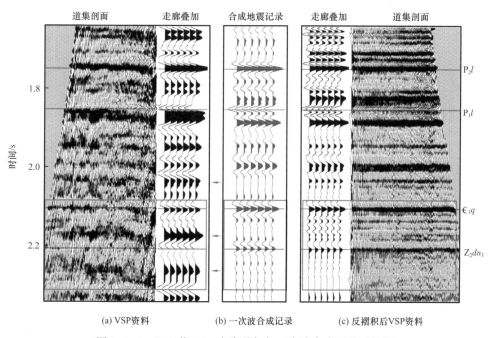

图 2-3-5　GS1 井 VSP 走廊叠加与一次波合成记录对比图

二、灯影组多次波来源层识别

在确定灯影组井震不匹配的主要原因是层间多次波干扰的基础上，利用下行波可控反射率法，从浅到深进行下行波屏蔽正演模拟，落实研究区灯影组层间多次波主要来源于 T_1f_4、P_2l 和 O_1n 底界面。

图 2-3-6 为屏蔽下行反射正演模拟过程和分析图。一共从浅到深屏蔽了 15 个界面，每列图上部空白段表示去除了该区域所有的下行反射（不产生层间多次波），最后一列图表示灯影组顶界以上都不产生层间多次波，即此列图中灯影组合成记录不含多次波，只有一次波。

将每一个正演模拟结果与只含一次波合成记录进行互相关，以确定层间多次波的来源。数据显示，图 2-3-7 第 1~9 列图合成记录变化不大，对应的相关系数变化也比较小，但从第 10~13 列图对应的相关系数增加较快，由于第 10~13 列图分别对应是从飞仙关组四段（T_1f_4）、飞仙关组一段（T_1f_1）、二叠系龙潭组（P_2l）和下奥陶统南津关组（O_1n）底界以上不产生多次波的合成记录，由此得知，飞四段以上地层产生的层间多次波对灯影组影响不大，但飞仙关组、龙潭组和奥陶系产生的层间多次波对灯影组影响比较大。

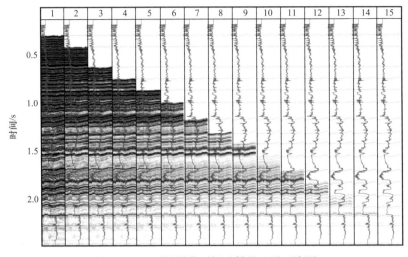

图 2-3-6　逐层屏蔽下行反射的地震正演图

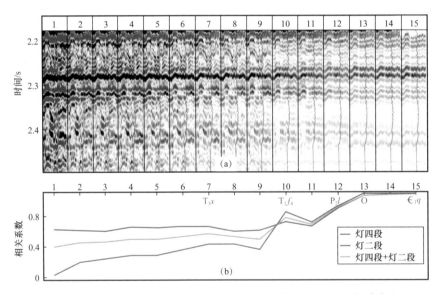

图 2-3-7　反射率法正演模拟逐步去除下行反射（灯影组局部放大）

（a）图 2-3-6 灯影组地震正演局部放大图；（b）灯影组不同地层含多次波合成记录与
只含一次波合成记录最大相关系数分布图

三、灯影组多次波平面发育程度预测

由于高—磨地区多次波成因复杂，周期性不明显、多次波速度和一次波速度接近，可分离性低，在实际地震资料处理中无法完全压制，仍然会有一定的多次波残留。残留的多次波会对地震资料品质造成较大的影响，增加勘探和开发风险。因此，勘探开发要求对地震资料中灯影组残留的多次波进行识别，预测多次波干扰在平面上的分布，评价地震资料品质，划分出地震资料不可靠区域，在井位部署中联合储层预测结果，合理地避开多次波干扰强的区域，减小多次波对储层预测的影响，降低井位部署风险。

针对生产实际需求，收集了生产使用的叠前时间偏移处理联片三维，包括高石梯、安岳、高—磨、磨溪东、蓬莱1井、蓬莱南共六块三维，覆盖面积为3400km²。

由于面积较大，同时目的层构造和速度相对变化平缓，因此，选取1000m×1000m（地震原始道间距为20m×20m）的网格密度计算速度谱。利用速度展度分析技术求取速度展度体，沿灯四段顶、底时窗内求取速度展度均方根振幅，获得展度切片，对灯四段多次波平面发育程度进行预测。

图2-3-8为高—磨地区灯四段速度展度均方根属性图。其速度展度为100～800m/s，取值范围较大，说明该区整体上多次波较为发育，符合该区地质背景和地震资料认识。从属性平面特征分析，速度展度横向差异较大，说明多次波发育具有很强的平面非均质性。

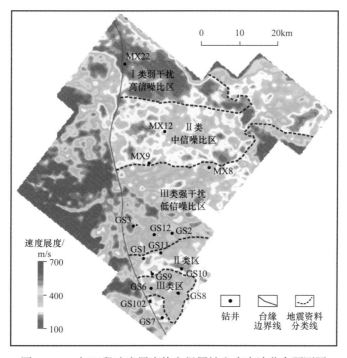

图2-3-8　灯四段速度展度均方根属性和多次波分布预测图

整体上看，该区北部速度展度普遍小于南部，沿MX9—MX8井为界大致可以划分为两个大区。预测该界线以北的磨溪地区多次波影响较小，地震资料信噪比高；界线以南的高石梯地区多次波干扰严重，地震资料信噪比低。

在此宏观趋势背景下，高石梯和磨溪两个地区内部速度展度也存在差异性。在磨溪地区，北部的MX22井区速度展度均方根属性平均值约为120m/s，南部MX12井区平均值为150m/s，可见MX12井区多次波干扰更强。在多次波整体发育较强的高石梯地区，速度展度大于400m/s，平面上局部存在相对多次波发育较弱的区域，主要位于GS1井、GS10井附近，以及GS7井附近，其速度展度值由400m/s减小为150m/s左右。

按照展度属性大小，根据速度展度和多次波发育程度的关系，将高—磨联片灯四段的多次波发育程度划分为三个不同的类别。

（1）速度展度小于200m/s为多次波干扰弱的地区，预测为地震资料Ⅰ类区。此类区域多次波干扰小，以一次波地震反射为主，地震资料信噪比高，地震反射能真实地反映地层的波阻抗特征。

（2）速度展度在200～300m/s之间为多次波干扰较强的区域，预测为地震资料Ⅱ类区。Ⅱ类区一次波和多次波能量相当，地震资料信噪比中等，地震反射基本能代表地下真实的反射，但干扰波能量较强，利用地震反射进行储层预测具有较强的多解性。

（3）速度展度大于300m/s为多次波干扰强的地区，预测为地震资料Ⅲ类区。此类区多次波干扰强，地震资料信噪比低，地震反射已不能反映出地层的真实特征，严重时可能形成不存在的构造或沉积地层假象，地震资料进行储层研究的可靠性不好。

基于以上划分办法和属性展布规律分析结果，根据速度展度均方根属性，预测了高—磨联片三维地震资料不同类别对应的区域（图2-3-8黑色虚线）。

Ⅰ类区主要位于MX22井区及其周边。Ⅱ类区包括MX12井区、GS1、GS10和GS7井附近。Ⅲ类区主要在GS2—GS3井周边，以及GS6井附近的小范围区域内。这两个强的多次波干扰区域，多次波干扰强、地震资料信噪比低、井震标定差，地震反射已不能反映出地层的真实特征，利用地震资料具有较大的风险。

在部署开发井位时，借助多次波发育程度平面图，能够辅助预判地震储层预测结果的可靠性，合理地避开多次波干扰强的Ⅲ类区域，或者采用非地震的方法进行储层研究，从而降低井位部署的风险，使地震资料更好地服务于油气田勘探和开发。

第三章　层间多次波处理解释一体化压制技术

第一节　层间多次波压制方法

一、方法综述

多次波压制方法的研究产生于 20 世纪 50 年代，至今已经发展出多种方法并应用于实践。美国学者 Arthur B. Weglein（1999）提出了一种较流行的分类方法，把压制多次波的方法分为两大类，包括滤波法和基于波动方程的预测减去法（简称为预测相减法）。

1. 滤波法

滤波法根据一次有效波和多次波之间的可分离性来识别和压制多次波。主要以多次波与一次波在不同变换域中的差异和可分离性为基础，将含有多次波的时空域信号映射到具有不同特征属性的变换域，根据一次波和多次波的时差或速度在变换域的差异，设计特定滤波器进行滤波分离，最后将去除的多次波数据从变换域反变换回原始数据域，以达到衰减或压制多次波的目的。

滤波法按照周期性、速度等不同的分离特征，细分为以下两类方法。

第一类方法利用多次波的周期性和统计特性，采用数字预测算子消去多次波。如预测反褶积，它设计出预测误差滤波器来滤除地震资料中表现周期性特征的成分，以此压制多次波。当采集数据质量理想时，近偏移距的多次波表现出明显的周期性特征，预测反褶积效果会很好，但是远偏移距的多次波周期性特征却表现得不明显，导致不好的处理效果。

第二类方法利用多次波和一次波在速度上的可分离性来压制多次波，主要是正常时差差异。很多压制多次波的方法就是基于这种差别，如共中心点叠加、f–k 滤波、t–p 变换、Radon 变换、曲波变换和聚束滤波各种变换等（宋家文等，2014）。滤波法的优势是实现容易，当地震资料质量高、地质条件简单时，能取得好的效果。滤波法对处理参数依赖性很强，特别是上下阈值的设定。因此，如果地质构造复杂并且原始地震质量品质差时，多次波与一次波的可分离性很低，滤波参数难以准确确定，使用滤波法压制结果往往不理想，达不到处理目标，还可能会对一次波信号造成损害。

2. 预测相减法

在复杂介质中，往往滤波方法效果不好，甚至损伤一次波能量。基于此，发展了预测相减法。这类方法以波动理论为基础，以地质资料或原始地震资料为基础，建立速度模型，通过波动方程模拟实际波场或反演地震数据来预测多次波，然后把模拟或预测出的多次波从原始地震数据中减去，达到衰减多次波的目的。预测相减法可以分为四种：波场延拓法、反馈迭代法、逆散射级数法和恒定内插法。表3-1-1给出了不同预测相减法的各自特点。

表3-1-1　预测相减法的特点

方法	适用多次波类型	基本物理单元	所需先验信息
波场延拓法	海底多次波、微屈多次波	水层 + 海底	水层、海底形态
反馈迭代法	自由表面、层间多次波	自由表面 + 层界面	自由表面：无；层间：速度模型
逆散射级数法	自由表面、层间多次波	自由表面 + 点散射	无需信息
恒定内插法	自由表面	自由表面	某层以上有效反射

波场延拓法是模型驱动的，它是通过波场外推来模拟弹性波在地层中的传播来预测多次波。反馈迭代法、逆散射级数法和恒定内插法是数据驱动的，反馈迭代法基于自由界面和层界面模型预测多次波，逆散射级数法基于自由界面和点散射模型预测多次波。预测相减法预测多次波时，不需要地下介质信息，即使多次波和一次波速度相同，多次波也能被有效地预测出。在实际应用时，必须满足以下前提条件：（1）需要估算震源子波；（2）要求弥补缺失的近偏移距道。这两种方法在理论上可有效衰减自由表面多次波和层间多次波。因为层间多次波的反射界面通常很难精确确定，所以预测出的层间多次波误差很大。

预测相减法核心包括预测与相减两个环节。它具有优异的振幅保真性，算法与速度无关，不需要或很少需要地下介质模型，很少需要人工干预，可以有效地衰减多次波，同时可适用于复杂介质情况。目前在对自由表面多次波衰减方面相对成熟，在条件满足时，效果非常理想。但数据完整性和数据规则化要求非常严格，极大地限制了它的应用。另外，对地震资料、预处理等有特殊的要求，方法计算量大，成本高。

总体上，各种多次波压制方法和技术有着各自的理论基础、应用条件、适用范围及优缺点，很难有一种方法对所有的多次波处理有效。因此，开展层间多次波压制处理，首先要针对实际地震资料对各种方法进行测试和分析，根据资料特点和压制难点，确定有效方法和技术流程。

二、主要技术测试

1. 共中心点叠加

共中心点叠加利用动校正后有效波和多次波之间剩余时差的差异，利用一次波同相叠加和多次波非同相叠加压制一些多次波。用一次波速度作动校正后，有效波同向轴被校平而多次波仍有剩余时差，多次波在动校正之后不能实现同相叠加，因此通过叠加使有效波得到增强而多次波被削弱。为了减少小偏移距上一次波与多次波剩余时差不明显的影响，在叠加前可以对地震道进行加权或内切除。

图 3-1-1 为全叠加和做内切后叠加的地震剖面，内切叠加虽然由于覆盖次数减少整体成像变差，但是局部地层接触关系有所改善，说明叠加对层间多次波具有一定压制作用。

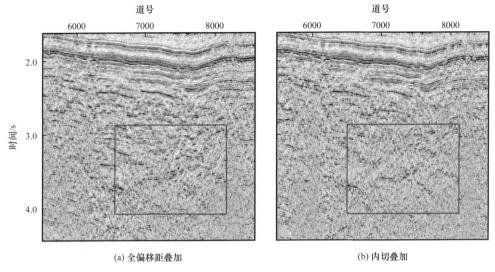

图 3-1-1　叠加地震剖面图

2. 预测反褶积

预测反褶积利用多次波的周期性压制多次波，可以消除虚反射、鸣震等短周期多次波，同时一些改进后的方法可以较好地用于长周期多次波的压制。相对于其他滤波方法，预测反褶积最大优点在于它不受一次波和多次波速度的影响。然而，由于多次波的周期性不具有普遍性，随偏移距增加，多次波会越来越缺乏周期性，因此，对于近偏移距和零偏移距数据，预测反褶积能取得较好的效果，大偏移距数据多次波压制效果不能得到保证。

预测反褶积压制多次波效果，主要取决于预测参数的选择。由于多次波的多样性和较差的规律性，实际处理中需要反复试验参数，并结合地震剖面判断是否精确合理到位。

图 3-1-2 为井控预测反褶积参数选取及去多次波效果图。GS1 井 VSP 道集的走廊叠加和测井合成地震记录差异很大，意味着道集中存在较强的多次波干扰。通过预测反褶积测试，当预测算子长度为 20～28ms 时，反褶积压缩子波后，短周期多次波被明显压制，地震记录分辨率提高，走廊叠加道和测井合成地震记录相似性很高。

预测反褶积在三维地震资料应用中也具有一定的效果，但压制效果远不如 VSP 道集的处理效果。图 3-1-3 为预测反褶积处理前后地震剖面对比，在深层下古生界和震旦系（2.0～2.5s），标志层之间多次波能量有少许减弱，标志层强反射（一次波）得到较好的保持，但整体改善不明显，压制能力有限。

3. f-k 滤波

二维滤波又称为视速度滤波，根据反射波和干扰波传播的视速度不同，在频率—波数域中滤除多次波干扰，操作简单实用，且运算速度快、成本低，生产中使用较为广泛，是压制多次波非常通用的方法。它既考虑了多次波的频谱特性，又考虑了波长特性，克服了滤波由于仅在频域切除而对一次波的损失过多的缺点，而另外增加一个波数域加以限制，减小了切除过程中一次波的损失。

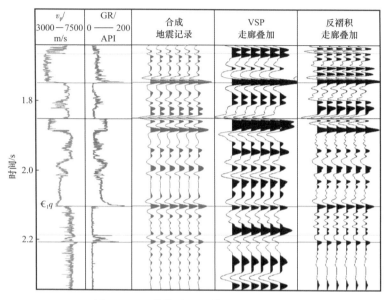

图 3-1-2　井控（GS6 井）预测反褶积

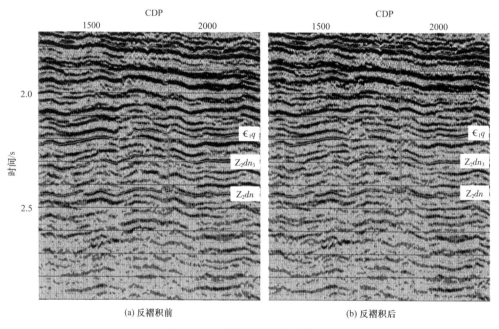

(a) 反褶积前　　　　　　　　　　　(b) 反褶积后

图 3-1-3　预测反褶积地震剖面

　　图 3-1-4 显示了 *f-k* 域多次波压制前后的叠前道集，可以看出，深层多次波（特别是在大偏移距上）得到了很好的压制。

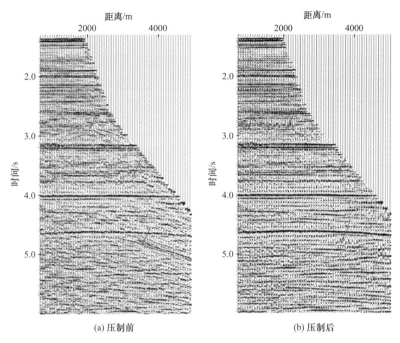

(a) 压制前   (b) 压制后

图 3-1-4　f-k 滤波去除多次波地震道集对比图

f-k 域多次波压制对低于所选 NMO 速度的多次波均能得到压制，这对于多次波速度具有一定区间的资料压制效果明显。但是，f-k 滤波压制多次波的方法本身也具有一定的局限性：对速度依赖较强，f-k 滤波压制多次波的关键参数是速度，压制好坏取决于速度精度；当多次波与一次波速度相近时，会造成压制多次波的同时损伤到一次波，降低原始资料的信噪比；近偏移距多次波残余能量较强，并且容易产生空间假频，资料频率降低。

4. Radon 变换压制多次波

Radon 变换在地球物理学上的研究相对较晚，但发展迅速，随即广泛地应用于波场模拟、速度分析、偏移成像、平面波分解、反演、数据重建、多次波衰减等去噪方面。Radon 变换压制多次波是利用多次波传播时间的周期性或者多次波和一次波的速度差异，通过变换，在 τ-p 域内通过切除、滤波、预测反褶积等手段，将多次波从波场中剔除或滤除。

在地震勘探中，CMP 道集地震同相轴经过动校正后，多次波同相轴近似为抛物线形态，多次波和一次波在 τ-q 的分离程度比 t-x、f-k 和 τ-p 域都要好。抛物线 Radon 变换方法一般不会修改一次波，使得 AVO 分析仍可照常进行，而且不包含平方根计算，计算效果高，因此，抛物线 Radon 变换是实际资料多次波压制处理中最为常用的方法。

抛物线 Radon 变换方法压制多次波的效果取决于 τ-q 域多次波和一次波的分离程度，即取决于一次波和多次波动校正时差的大小，若动校正时差显著，则一般就能取得较好的效果。经验表明，要想使用该方法有效地衰减多次波，在实际数据中从近道到远道的多次波时差至少应为 30ms。

针对川中深层的地震资料，多家单位都采用了 Radon 变换进行了多次波压制，从地震道集和速度谱上看，压制后改善较大，低速多次波压制明显。图 2-3-4 是 GS2 井（在 GS1 井三维工区内）附近 Radon 变换法多次压制前后的道集和速度谱，在多次波压制前，速度谱在目的层和超深层附近上有一个比较明显的低速能量团（蓝色椭圆所示），多次波压制后低速能量团被压制、道集上消除了下拉现象，灯影组目的层及 2.5s 以下更深层的多次波都得到了较好的压制，体现出 Radon 变换对大剩余时差数据的压制能力。

叠加后，Radon 变换压制多次波的效果却不能让人满意。图 3-1-5 为压制前后叠加剖面对比，在深层和超深层除局部细节外，二者几乎都看不出差异。这是因为 Radon 变换所压制的大剩余时差能量由于不能同相叠加，在叠加过程中已经得到大幅衰减。因此，叠加剖面上出现的多次波干扰，往往和一次波速度接近、剩余时差小、以近偏移距为主，使用常规的 Radon 变换难以去除。

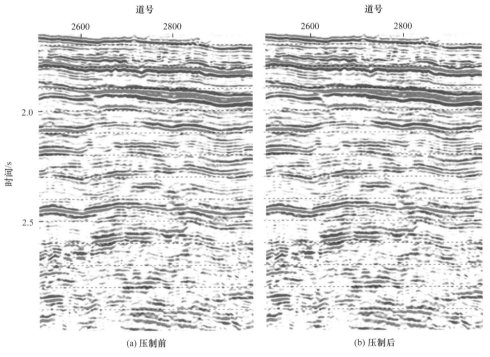

图 3-1-5　Radon 变换压制多次波叠加剖面对比图

5. 聚束滤波方法

聚束滤波方法与 Radon 变换方法类似，是一种包括信号和相关噪声的模型拟合的处理方法。这种方法避免了因离散化导致的假变换，将模型空间里的采样和截断问题转化为模型拟合问题。它根据数据来调整模型，使得聚束滤波模型能够包括振幅和相位随偏移距的变化，以及远偏移距处因切除直达波和折射波造成的记录道损失（胡天跃，2000）。

聚束滤波通过数据来调整模型，考虑振幅、相位随炮检距的变化和记录道损失，因此，可避免有效信号畸变、保持有效信号的频率成分和能量。由于聚束滤波本身包括时间延迟、振幅随偏移距变化的参数模型，因此，适合用于保 AVO 特征的叠前处理。其不足之处在于，它对地震资料品质要求高，信噪比非常高时才会显现出对 AVO 特征保真处理的优势，对于低信噪比特别是随机噪声或多次波异常发育的地震资料，其效果较 Radon 变换方法差，运算速度也慢得多。

在高—磨地区对聚束域滤波方法进行了测试实验。从应用聚束滤波前后地震道集和速度谱看，该方法对多次波有较好的去除能力，在道集内保持了有效信号的连续性（图 3-1-6）。

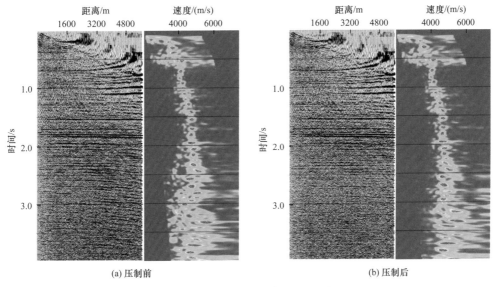

图 3-1-6　聚束滤波地震道集和速度谱对比图

遗憾的是，叠加后看不出大的差异，仅有局部同相轴连续性变好，纵向分辨率有少量提高。实际应用可知，对于和一次波速度差异不大的层间多次波，聚束域滤波整体上与 Radon 变换压制能力相当（图 3-1-7）。

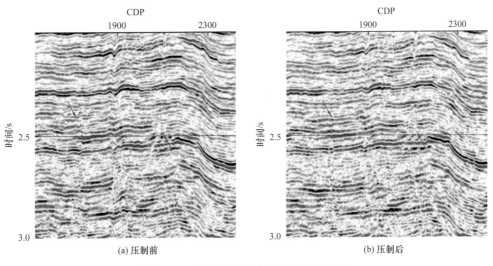

图 3-1-7　聚束滤波叠加地震剖面对比图

6.逆散射级数法

逆散射级数法基于逆散射理论，借助多维直接反演，通过逆散射级数实现对多次波预测。根据 Lippman–Schwinger 级数，可知在逆散射级数中包含了可以用于衰减自由表面和层间多次波的子级数，因此，通过逆散射级数可以预测出多次波。

根据散射理论，一个真实的地下波场可以分解为一个参考介质波场和一个由扰动因子产生的散射波场。因此对于一个正散射过程，已知参考介质、参考波场和扰动因子，就可以确定出真实波场；对于一个逆散射过程，已知参考介质、参考波场和在表面测得的真实波场值，就可以确定出由扰动因子确定的真实介质和参考介质的差值。

理论上，逆散射级数法能适用于复杂的地下结构，需要较少或不需要关于地下结构的先验信息，能在不损坏一次反射信号的情况下衰减多次波。

图 3-1-8（a）和（b）分别为逆散射级数法多次波压制前后的剖面图，（c）为压制掉的多次波能量，灯四段内幕局部强反射多次波（红色矩形）经压制后横向变得更为均衡，可以看出逆散射级数法对于目的层灯影组多次波有很好的压制作用。

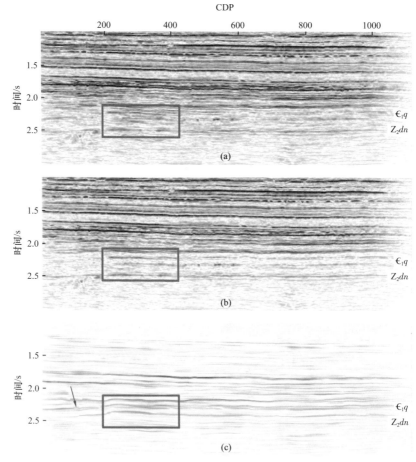

图 3-1-8　逆散射级数法多次波压制地震剖面图

（a）压制前；（b）压制后；（c）压制前后残差

但逆散射级数法运算量相对其他方法增加许多，目前仅以二维测线为主，难以实现大面积三维运算，限制了它的工业应用。

7. 自由表面多次波压制

自由表面多次波压制（Surface-Related Multiple Elimination，简称 SRME）是实际地震数据处理中得到广泛应用的一项新技术。它是基于波动方程理论的自由表面多次波衰减技术，主要用于压制具有强能量、强振幅、与海底地表以及基底强反射层等相关的多次波。该方法利用地震数据自身进行时空褶积来预测多次波。地震数据所记录的多次波必定经过上行波场在自由表面处向下反射，在地下介质中经过透射和反射，然后以多次波的形式被记录下来。每个多次波可被分解为若干个初至反射波（子反射）。因此，对于地震记录中的任何一个反射轴，可以看作数据中自由表面多次波的某个子反射。通过将原始数据（有效波和多次波）与自身进行时空域褶积，所有子反射"被褶积"在一起，从而就可预测出所有的自由表面多次波。理论上，该方法可以预测和衰减所有与表面有关的多次波，并且预测多次波的过程无须已知地下介质的信息，通过对地震数据本身进行褶积就可以估算出所有与表面有关的多次波。

在海上地震勘探中，由于观测系统相对规则，自由表面多次波周期性出现，SRME 方法压制自由表面相关多次波效果明显。图 3-1-9 为某海上地震二维数据 SRME 压制多次波前后叠加对比，叠加剖面上与自由表面有关的多次波得到很好压制。

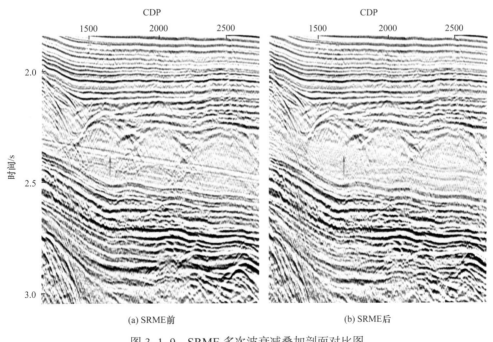

图 3-1-9　SRME 多次波衰减叠加剖面对比图

但是，在陆上地震勘探中，由于地表、地下结构复杂，多次波形成机制复杂、波组特征和出现位置与有效波重叠，SRME 方法压制多次波并不十分理想。图 3-1-10（a）和（b）

分别为高—磨地区 SRME 多次波压制前后剖面图,(c)为压制掉的多次波能量,可以看出超深层长程多次波(蓝色箭头所指)干扰得到较好压制,但目的层(蓝色矩形)压制效果不明显,去除的能量不多,局部一次波有损伤。

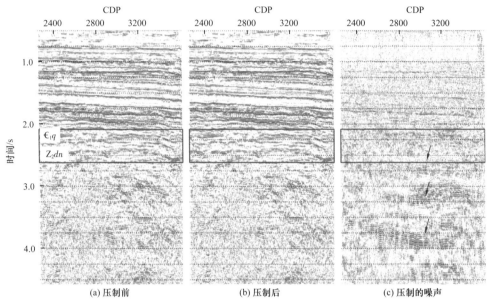

图 3-1-10 过 GS1 井 SRME 压制多次波叠加剖面对比图

第二节 处理解释一体化多次波压制技术

一、层间多次波压制技术思路

通过技术调研和测试得知,水平叠加对层间多次波具有一定压制作用,可作为辅助手段;反褶积能一定程度压制短程多次波,但长周期多次波压制效果不明显,且压制的能量有限;SRME 压制长程多次波有效,对层间多次波压制效果差;Radon 变换和聚束滤波压制多次波在道集和速度谱上效果明显,但叠加剖面效果不明显;逆散射级数方法理论方法先进,效果佳,但运算量巨大、时效性低,目前不具备三维应用条件。

以上技术分析、测试和应用得出以下几点认识。

1. 滤波方法更适于陆上多次波的压制

预测相减法理论上具有精度高的特点,但运算量大并且对地震数据本身要求高,海上应用成效好;陆上地震勘探,地面障碍物多、采集观测系统不规则、原始数据信噪比低,都会导致多次波预测算子错误,预测相减法压制多次波实用性得不到保证。

在满足一定假设条件时,滤波方法能很有效地消除多次波,而且运算量较小、效率较高,因而,滤波方法更适于陆上多次波的压制(张宇飞,2015)。其中,Radon 变换由于具有效率高、适应性强、压制效果好等特点,一直是实际生产的关键技术,理论上只要多次波速度和一次波速度有差异，就能够分离多次波和一次波，达到压制多次波的目的。叠加剖面上效果不明显是因为速度精度不高导致压制程度不够，且近偏移距多次波与一次波差异太小无法压制。如果能克服以上两个问题，Radon 变换应该会有更好的应用效果。

2. 单一方法难以进行高质量多次波压制，应采用组合压制的工作流程

压制多次波的技术方法很多，每种方法均有其优势和局限性。通常某种多次波压制方法只能对某种特定多次波具有压制作用，并且很多方法仅适用于某一阶段的数据。由于多次波问题非常复杂，目前没有也很难有一种方法或技术能解决所有多次波问题。因此，在实际地震处理过程中，多次波衰减是一个系统的工程，单一方法不能完全有效地衰减多次波，而是要分阶段、多方法组合压制多次波。

3. 处理解释一体化提高压制多次波水平

当前的多次波压制仍是传统的地震工作模式，以处理人员为核心，采用处理解释彼此分离的"先处理、后解释"的工作流程。这是一种大规模、粗放式作业模式，效率高，在地质情况不复杂的地区，处理人员基于地震资料本身的分析和认识，往往也能取得不错的结果。

在实际地质情况复杂或者多次波隐蔽的地区，缺乏地质认识和解释的指导以及质量评价手段，处理人员容易掉入经验陷阱中，难以实现突破。此外，当前勘探开发对地震资料的成像质量和保真性要高于工作效率，这需要形成处理和解释联合的精细式地震工作模式。利用解释人员的地质认识和掌握的丰富资料辅助地震资料分析、参数优选、处理流程确定，在正确识别多次波干扰、速度特征、来源层的基础上，使多次波压制做到有的放矢。

4. 层间多次波压制容易过度，需要加强质量控制

层间多次波问题非常复杂，和一次波在各个方面差异都更小，并且对它的压制涉及多个处理环节，容易压制过度而伤害有效波，因此，需要加强对处理过程和结果的质量控制，特别是研发针对多次波压制效果的评价方法。

二、处理解释一体化多次波压制技术流程

基于以上认识和分析，针对陆上深层层间多次波来源多、空间变化大、差异小、压制难的问题，提出了"先识别、再压制、以识别为指导和质控"的处理解释一体化技术思路，在多次波识别和来源分析的指导下，以高精度 Radon 变换为核心，分步迭代组合压制多次波，从叠前到叠后逐步去除多次波。经过多个实际工区测试和应用，逐步完善并形成最终的处理流程，如图 3-2-1 所示。

三、层控 Radon 变换压制多次波

Douglas J. Foster 和 Mosher C. C（1992）通过对多个实例分析发现，当多次波与一次波的时差足够大时，Radon 变换压制多次反射波才能取得好的效果。褚玉环（2009）将 Radon 变换应用在大庆探区松辽盆地，认为 Radon 变换压制多次波技术适合用于在速度谱

上多次波的速度与一次反射波的速度能明显分离开的全程多次波及层间多次波，准确拾取一次波的速度是影响压制效果的主要因素。

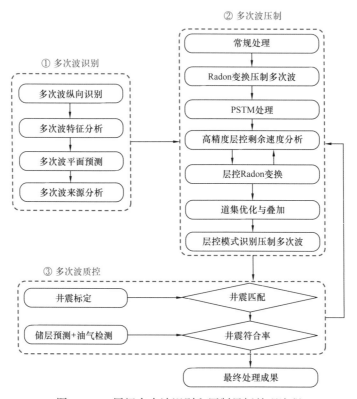

图 3-2-1　层间多次波识别和压制目标处理流程

实际陆上地震资料中，层间多次波速度与一次波速度差异较小、混叠在一起，在速度谱上很难找到明确的分界，难以保证 Radon 压制多次波的应用效果。如果选取速度过小、时差大，压制多次波能力弱，多次波残留多，达不到好的多次波压制效果。如果压制处理过度的话，在压制多次波的同时，还会去除一部分一次波的能量，从而降低有效波的地震反射能量。

因此，压制多次波效果的首要关键在于能否准确建立速度场。只有一次波速度准确，才能够选择更小的时差参数，最大限度压制和一次波速度差异小的多次波干扰。其次，改进 Radon 变换算法，提高分辨率，减少多次波泄露，保持有效波。

1. 技术思路

针对多次波与一次波速度差异小、Radon 变换压制多次波效果差的问题，围绕着准确拾取一次波速度和保护一次波反射能量这两个关键问题，从处理和解释一体化的思路出发，提出了井震联合速度建模、层控速度拾取和层控 Radon 变换压制多次波的思路，研发了层控 Radon 变换多次波压制处理技术。利用标志层减小多次波的干扰、提高一次波速度拾取的精度、通过时间域的构造来约束速度扫描，实现 Radon 变换的高精度多次波压制。在压制多次波的同时，保护了有效波的反射能量，使得多次波压制的针对性更强，在一定程度上减少压制多次波的不确定性，使 Radon 变换能更好地适用于一次波和多次波速度差异小的情况。

2. 地震反射标层选取和解释

首先，层控的基础是标志层选取。为了保证层控速度拾取的准确性，地震反射标志层应具备的基本条件为：

（1）标志层对应强波阻抗界面，具有较强的地震反射能量，并且和地质界面基本一致；

（2）必须具有很好的横向连续性，在区域上可连续追踪，以保证时间层位构造的准确性和三维空间的覆盖性。

其次，在地震叠加数据上开展标志层的三维构造解释，得到标志层的时间层位。在地震层位追踪和解释过程中，往往会产生一些异常值和无效值，使构造突变，这些值会影响后继处理效果，因此，必要时还需要对解释的时间层位进行平滑处理，减小解释误差的影响。

在高—磨地区，根据钻井的测井曲线和合成地震记录，下寒武系龙王庙组底 $\epsilon_1 l$、沧浪铺组底 $\epsilon_1 c$、筇竹寺组底 $\epsilon_1 q$、震旦系灯三段底 $Z_2 dn_3$ 和灯影组底 $Z_2 dn$ 反射系数明显大，是强波阻抗界面。这些地层界面都是厚层低速泥岩与高速碳酸盐岩地层的分界面。泥岩地层在研究区横向发育稳定，在测井合成地震记录上对应强反射同相轴。在三维地震剖面上，它们均具有一定的反射能量，在盆地大部分区域都能很好地解释和追踪。通过已知井的反射系数、测井合成地震记录以及地震剖面反射特征联合分析，确定五个地震反射作为层控处理的标志层位，如图 3-2-2 所示地震剖面中的标志层。

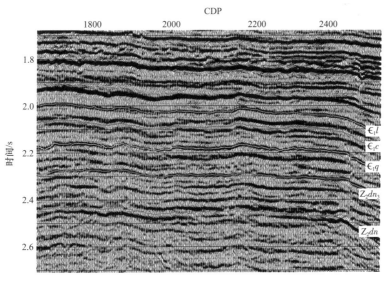

图 3-2-2 地震叠加剖面和标志层图

3. 井震联合速度建模

通常处理过程，主要依靠地震处理人员对速度谱上的能量团或时间剖面上的地震同相轴进行速度拾取，多次迭代确定地震速度。这种方法往往过于依赖地震资料中 CMP 道集的信噪比和处理人员的经验。

当地震资料信噪比较高时（情况一），速度谱上的能量团都是由一次有效波形成的，此时能容易地拾取一次波速度，建立准确速度场。然而，当实际地震资料信噪比下降到一定程度，地震剖面上许多同相轴并非全是一次波形成的反射，尤其是深层层间多次波噪声能量强于一次有效波时，这些噪声同相轴在速度谱上也表现为能量团，更可能被当作一次有效波进行速度拾取，造成速度拾取错误（情况二）。

高—磨地区寒武系和震旦系的地震资料主要表现为情况二。首先，地震资料中多次波与一次波的速度差异较小且混叠在一起，可分离性低，在速度谱上很难找到明确的分界，难以准确拾取速度点；其次，很多多次波的反射能量强于有效波，在速度谱上也表现为能量团。如果仅依靠分析速度谱上的能量团来拾取速度，只能得到一个大致的速度趋势，局部地区甚至难以得到速度趋势。如果以能量团为单一的判别标准，很容易造成速度拾取错误，无法建立准确速度场。

图 3-2-3 为高—磨地区内某个 CRP 道集的速度谱。从此速度谱上看，中浅层（时间＜2.1s）的能量团聚焦好、能量集中，随时间轴增加呈"串珠状"分布，纵向变化趋势清楚，随深度增加速度逐步增加，多次波不发育或者能量微弱，可以建立准确的速度场。

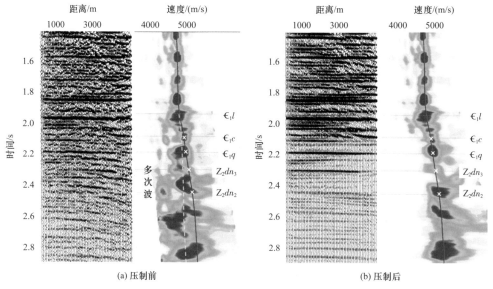

图 3-2-3　某个 CRP 点压制多次波前后道集和速度谱

深层（2.5s 以下）存在很多强能量低速异常，局部有速度反转（如 2.4～2.6s 附近），叠加速度由 5000m/s 降低到 4500m/s 左右，由深层强能量多次波造成。在该段时窗，有效波反射弱，看不到可拾取的能量团和速度趋势，已经无法依靠速度拾取的方式建立速度场。

在 2.1～2.5s，目的层段整体处于多次波从不发育到发育的过渡区域。在 2.2s 寒武系底界附近，能量团横向变宽。从 2.2s（寒武系）开始，速度谱上的能量逐渐发散，出现了两个速度趋势，此时，速度建场存在较强的多解性。

仅从能量大小和叠加质量看，低速趋势的能量强，高速趋势的能量弱，往往会将低速趋势当作是一次波。事实上，钻井资料证明目的层段内部地层有效地震反射相对较弱，地震正演分析一次波速度处于5000m/s，速度谱上的高速趋势及其弱能量团才是一次波（图2-2-3）。

此外，空间上速度拾取密度往往不足，速度分析点的间隔越大，速度分析精度越低，以致难以反映出速度的横向变化。由于地震数据网格间距通常相对较小、密度相对较高，不可能在每个网格点上都开展速度分析。

综上可知，常规速度谱拾取地震速度方法存在准确度不高、低信噪比区域无法应用的技术问题。为此，研发了井震速度融合技术，以解决现有方法存在的技术问题。

井震速度融合技术的具体实现方法如下。

1）建立初始地震叠加速度场，转换为层速度场

根据地震资料中的CMP道集，利用CMP叠加速度谱拾取速度点，建立初始地震叠加速度场。其后根据迪克斯（Dix）公式，将地震叠加速度场转换为地震层速度场。

2）根据测井资料建立测井层速度场

对已知井标定后，对时间域测井速度进行重采样和平滑处理，得到测井层速度曲线。根据地震层速度场、测井层速度曲线，对测井层速度曲线进行校正，得到符合预设要求的测井层速度；对校正后的测井层速度进行插值，建立测井层速度场。

3）根据测井层速度场、地震层速度场、地震资料，建立井震联合层速度场模型

根据地震资料信噪比和能量谱的聚焦性，将信噪比不大于预设阈值的时窗设定为速度优化区间。根据测井层速度场、地震层速度场、优化区间，按照式（3-2-1），确定井震联合层速度场。

$$v_{int} = \begin{cases} v_1, t < t_0 - \dfrac{T}{2} \\ v_1 \times \left(\dfrac{1}{2} - \dfrac{t - t_0}{T} \right) + v_2 \times \left(\dfrac{1}{2} + \dfrac{t - t_0}{T} \right), t_0 - \dfrac{T}{2} \leqslant t \leqslant t_0 + \dfrac{T}{2} \\ v_2, t > t_0 + \dfrac{T}{2} \end{cases} \qquad （3-2-1）$$

式中　v_{int}——井震联合层速度；

　　　v_1——测井层速度；

　　　v_2——地震层速度；

　　　t_0——层位时间；

　　　T——镶边时窗。

4）根据井震联合层速度场模型，确定地震偏移速度

按照下式，将层速度换算为地震叠加速度：

$$v = \sqrt{\dfrac{\sum v_{int}^2 t}{\sum t}} \qquad （3-2-2）$$

式中 v——地震叠加速度；

v_{int}——井震联合层速度。

以高—磨地区为例，下寒武统沧浪铺组以下深层为速度优化的时间范围。以上为原始地震层速度场，以下为校正后测井层速度场，沿沧浪铺组底 100ms 镶边时窗进行重新优化得到井震联合的层速度场。

图 3-2-4 为某测线叠加速度剖面对比图。其中（a）为以往处理人员通过速度谱拾取建立的原始地震速度场，深层横向上存在较大速度变化，如灯影组附近（图中 2.2～2.5s 蓝色矩形）出现局部低速异常带，这和研究区实际地层构造和地层特征不符，为速度拾取错误所致。（b）为解释人员通过井震联合建立的速度场，中浅层二者保持一致，不同之处在于深层和超深层，整体高速且横向变化平稳。图 3-2-5 为以上两个不同速度偏移叠加的纯波地震剖面对比图，蓝色矩形成像质量改进明显，灯影组底反射（黄色箭头所示位置）更为清晰和连续，超深层（绿色箭头所示位置）多次波能量大幅衰减。井震联合速度场偏移后成像质量的改善证明了以上结论和方法的可靠性。

4. 层控精细速度分析

井震联合速度建模虽然能够提高低信噪比区域速度精度，但也只能够保证大的速度趋势正确，针对目的层仍需进一步提高速度纵向精度，才能满足实现高精度 Radon 变换压制多次波的需要。

采取的方法是层控精细速度分析。包括两个要点：

（1）以上述井震联合速度场为背景参考，按照其速度趋势拾取速度点，保持速度纵向变化趋势；

（2）利用标志层时间构造指导速度拾取，减少将干扰波当作一次波进行速度拾取的情况，以提高一次波拾取的精度。

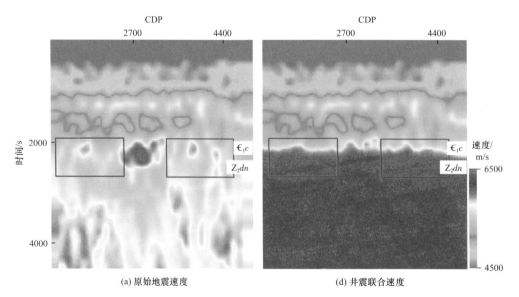

图 3-2-4 叠加速度剖面对比图

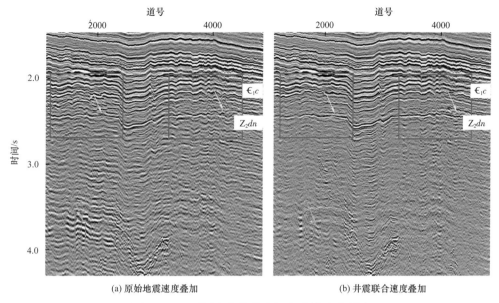

图 3-2-5 不同速度偏移叠加地震剖面对比图

在单点速度谱上，当速度趋势难以选择或者无法拾取到正确的速度点时，沿多个不同标志层进行速度拾取。由于地震标志层在时间剖面上严格对应着一次波反射，因此可以避免拾取到不合理的速度点，更好地保证纵向上速度拾取的正确性。此外，时间层位包含了地层三维空间横向变化的信息，沿层拾取还能够保证平面上速度拾取的一致性，使每个标志层在空间上拾取速度一致，从而约束速度异常突变。

将标志层的时间层位加载到速度谱上，在已有井震联合速度指导下，沿标志层的时间层位精细拾取能量团的中心点。拾取速度时，在保持纵向速度趋势的情况下，需要严格沿标志层的时间层位拾取出速度点，由此可避免错误地拾取到标志层之间干扰波所形成的能量团，实现速度点的正确拾取，完成对初始速度的修改和校正。

在高—磨地区，将三维构造解释得到的五个标志层的时间层位加载到速度谱中。图 3-2-3 展示了标志层在速度谱上的时间位置，标志层对应的时间点上都存在明显或较为明显的能量团，对应着低速泥岩和高速碳酸盐岩地层的分界面，理论上，标志层位置处的能量团一定对应着有效波，而在位于标志层位置以外的时间段上的其他能量团，则是受多次波干扰形成的能量团。通过层位对应的速度点为标定点，在保持纵向速度趋势的情况下，根据能量团拾取叠加速度，如图 3-2-3 中的红色线所示，"×"表示的速度拾取点即相应标志层在该 CMP 点上对应的速度。从中还可以看出，标志层之间还存在着其他能量团，由于不在标志层上，通常是噪声干扰波形成的能量团。此时的干扰波能量团强于一次有效波，如果没有标志层的约束，极可能会出现误判，拾取错误的速度。通过将标志层对应的速度点作为标定点进行速度拾取，有效避免了错误拾取标志层之间的干扰波形成的能量团，从纵向上避免了拾取不合理的速度点。

图 3-2-6 为常规和层控速度拾取点对比图。对比可知，层控速度拾取不再以能量为主要判别标准，而是以层位和速度趋势约束为主、能量为辅，随着速度精度的提高，叠加后

地震剖面质量也相应有一定提高，为其后精细层控 Radon 变换压制多次波提供了好的速度基础。

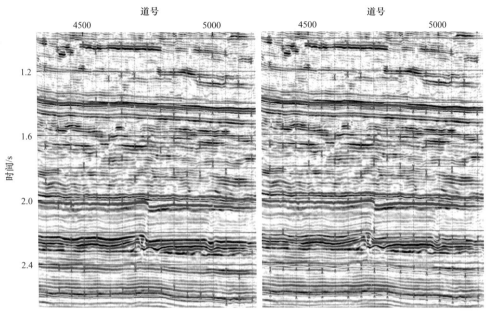

图 3-2-6　层控速度拾取前后叠加剖面对比

5. 层控 Radon 变换压制多次波

1）混合域 Radon 算法

时间域 Radon 变换算法可以获得更高的分辨率，但计算效率非常低；频率域算法具有良好计算效率，在有限范围内进行离散 Radon 变换运算时，存在端点和截断效应，会影响变换精度，导致能量发散严重，存在分辨率不理想的情况。因此，结合时间域和频率域计算的优点，采用混合域 Radon 变换衰减多次波。

通常 Radon 变换采用最小二乘反演计算，用矩阵形式可以写为

$$\left(L^T L + W_m\right) M = L^T D \tag{3-2-3}$$

式中　L^T 和 L ——离散化后的 Radon 变换算子；

　　　　D 和 M ——分别为时间域和 Radon 域地震数据的傅里叶变换；

　　　　W_m ——权系数矩阵。

为了计算能结合时间域和频率域算法优点，在时间域施加时变稀疏约束并进行共轭梯度迭代，在计算矩阵与向量乘积时用 FFT 变换转换到频率域，利用频率域抛物 Radon 算子与频率域计算解耦的特性减少计算量，然后再反 FFT 变换转换到时间域进行共轭梯度迭代。

为此，将 W_m 与抛物 Radon 算子 L 整合为新的核函数 LW_m^{-1}，式（3-2-3）优化后为：

$$\left(\lambda I + W_m^{-T} F^{-1} L^t L F W_m^{-1}\right) \hat{M} = W_m^{-T} F^{-1} L^T F D \tag{3-2-4}$$

其中

$$\hat{M} = W_m M$$

式中　λ——平滑因子；

　　　　I——单位矩阵；

　　　　F 和 F^{-1}——正反傅里叶变换；

　　　　L^T 和 L——频率域抛物 Radon 算子；

　　　　W_m——时间域时变稀疏权。

新核函数 LM_m^{-1} 能更好地增加其奇异向量与稀疏解的相似性，因此，迭代计算时只需要经过很少迭代就能得到期望解的主要特征。通常，在求解时设 $\lambda=0$，此时式（3-2-4）简化为

$$W_m^{-T} F^{-1} L^T L F W_m^{-1} \hat{M} = W_m^{-T} F^{-1} L^T F D \qquad （3-2-5）$$

令 $A = F^{-1} L^T L F$，$b = F^{-1} L^T F D$，则上式可以写成

$$W_m^{-T} A M = W_m^{-T} b \qquad （3-2-6）$$

可得残差计算式为

$$z = W_m^{-T} (b - A M) \qquad （3-2-7）$$

基于上式采用迭代再加权算法，利用已有近似解更新稀疏权、共轭梯度迭代等方法求极小值作为最优解。

图 3-2-7 为对理论模拟地震道集采用同样的稀疏权和迭代次数，进行频率域高分辨率和混合域高分辨率抛物 Radon 变换效果对比。其中（b）为常规分辨率 Radon 变换结果，由于稀疏约束不足，子波振幅损失明显，存在"剪刀状尾巴"能量发散情况，截断效应明显，分辨率低，变换精度不足会导致多次波分离结果中存在大量残余能量；（c）为混合

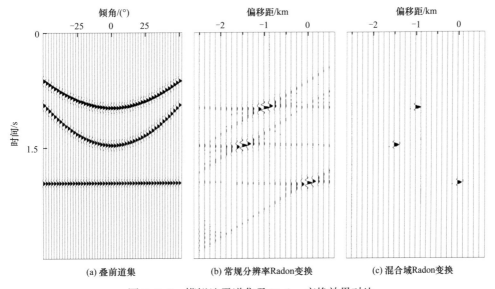

(a) 叠前道集　　　　　(b) 常规分辨率Radon变换　　　　　(c) 混合域Radon变换

图 3-2-7　模拟地震道集及 Radon 变换效果对比

域 Radon 变换对模拟数据进行变换的结果，相比常规方法，子波无幅度损失，显著提高了 Radon 域的分辨率。

2）层控压制技术

沿标志层的时间层位对叠加速度进行镶边加权处理，可以得到不同权系数的叠加速度。利用 Radon 变换对不同权系数的叠加速度进行多次波压制测试，得到一系列压制多次波后的道集。分析不同权系数的叠加剖面及其与钻井资料的匹配程度，达到最佳匹配效果的叠加速度即最优叠加速度。

使用上述求取的最优叠加速度对道集进行动校正，处理过程中加入解释层位，控制多次波衰减的时间范围，利用混合域 Radon 变换压制多次波。

3）方法应用

图 3-2-3（b）为 Radon 变换压制多次波后速度谱和道集。通过多次波压制处理后，目的层速度谱能量团相对集中，相对低速的多次波能量团被压制，道集中深层的大炮检距同相轴下拉现象得到大幅改善。

和以往不同，层控 Radon 变换压制多次波后叠加剖面质量也有了明显改变。图 3-2-8 为压制前后地震剖面对比图，从（c）残差剖面看出，压制的能量中除少量有效波之外，绝大部分为多次波干扰，特别是蓝色矩形显示局部范围残留多次波得到好的压制；图（b）中多次波压制后的地震剖面在目的层横向能量一致性有所提高，更加符合灯影组内部厚层碳酸盐岩地层不连续、弱振幅的反射特征，超深层异常反射（蓝色箭头所指的位置）也得到保持。

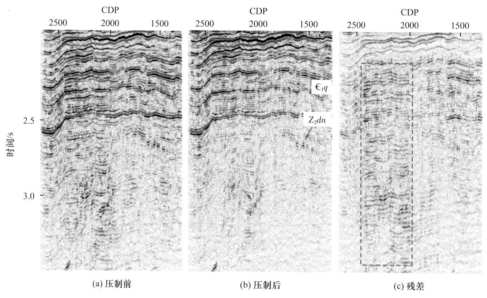

(a) 压制前　　　　　　　　(b) 压制后　　　　　　　　(c) 残差

图 3-2-8　层控 Radon 变换压制多次波地震剖面对比图

图 3-2-9 为层控 Radon 变换压制多次波前后沿灯影组顶风化壳 20ms 时窗提取的均方根振幅属性图。压制多次波前后振幅平面上具有非常相似的一致性，仅局部存在细微的能量损伤，说明本次多次波压制对标志层的地震反射能量保持好。

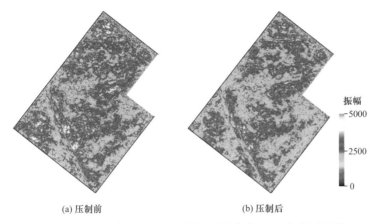

（a）压制前   （b）压制后

图 3-2-9   压制多次波处理灯影组顶风化壳 RMS 振幅对比图

图 3-2-10 为对压制多次波前后灯四段内幕均方根振幅属性及残差图。从平面上看，压制前地震资料在三维区南北分别存在一个异常能量区，和目前已钻井揭示的灯四段波阻抗特征不符，疑为多次波干扰。Radon 压制多次波后，振幅平面均一性得到明显改善，异常能量区大幅减小，并且残差也展示出南北两个异常范围，和图 2-2-19 速度展度较大的区域范围相同，说明本方法对多次波压制效果明显。

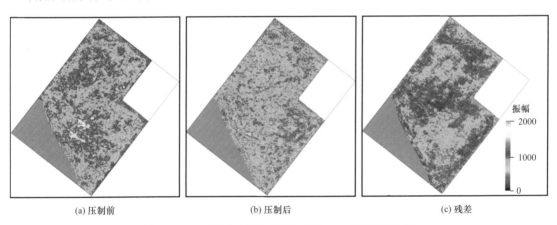

（a）压制前   （b）压制后   （c）残差

图 3-2-10   压制多次波处理灯四段 RMS 振幅对比图

四、优势偏移距叠加

相对中浅层，深层地震资料噪声干扰强、品质差，经过前期处理后，地震道集中还包含较多的多次波、线性等严重噪声干扰。

受采集和地震资料信噪比影响，叠前道集中，不同炮检距道具有不同噪声类型和信噪比。通常情况，近炮检距和远偏移距地震道的反射波同相性不好，产生这种现象的一个主要原因是由于不同偏移距覆盖次数不同，其信噪比也有较大差异。

通过对不同偏移距地震道进行部分叠加后进行对比，可以清楚地看出不同偏移距地震道的信噪比差异。图 3-2-11 为渤海湾盆地南堡叠前时间偏移道集的不同偏移距叠加剖面对比图，图 3-2-11（b）、（c）、（d）在潜山地层时间段以有效地震反射为主，其中（c）地震反射最清楚，（b）叠加剖面存在和有效波能量接近的偏移绕射波，（d）叠加则包含较多的随机噪声；信噪比最低的是（a）叠加剖面，偏移距弧能量强，噪声严重，几乎看不到潜山地层的有效地震反射。因此，在观测系统不合理、覆盖次数差异大、近偏移距多次波残留多的情况，全叠加可能会一定程度降低叠加剖面信噪比。

对不同偏移距进行信噪比分析，删除信噪比很低的地震道，不参与地震叠加。在有效偏移距范围之内，对信噪比不同的地震道采用自适应加权叠加的技术，根据相邻偏移距地震道之间的相似性自动计算加权值，相似性好则权值大，而相似性差的地震道权值小，以实现最大能量叠加，进而提高深层资料信噪比和叠加剖面的质量。

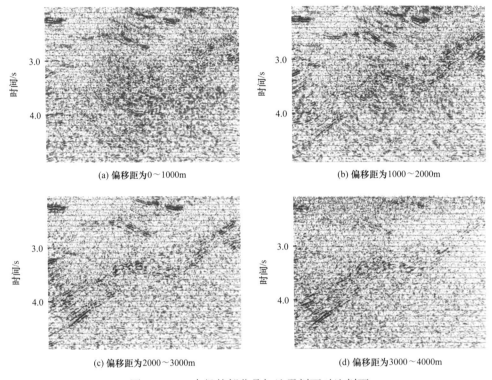

（a）偏移距为0～1000m   （b）偏移距为1000～2000m

（c）偏移距为2000～3000m   （d）偏移距为3000～4000m

图 3-2-11 南堡某部分叠加地震剖面对比剖面

图 3-2-12 为南堡全叠加和优化叠加剖面对比图，其中（b）为对优选偏移距范围800～4800m 进行自适应加权叠加的地震剖面，相比（a）全叠加成像质量好、信噪比提高，风化壳面强反射得到了聚焦成像、连续性强（图中蓝色区域）。

五、层控 f-x 域最小平方法滤波

由于层间多次波产生来源多、波场特征复杂、周期性不好、横向变化快，经过前期多次波压制之后，总是有少量多次波能量不同程度地残余在叠加数据中。针对此类残留多次波，在叠后进一步采用处理和解释相结合的多层迭代 f-x 域法压制多次波（戴晓峰等，2020）。

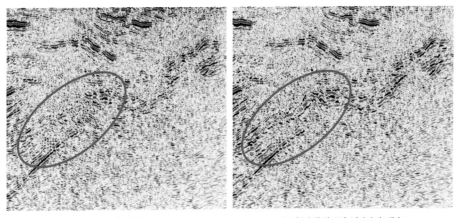

(a) 全偏移距   (b) 部分偏移距自适应加权叠加

图 3-2-12 南堡某全叠加和部分偏移距叠加地震剖面对比图

1. 方法原理

在多次波来源界面认识的基础上，利用中浅层已知多次波来源层位与目的层多次波地震反射在 f–x 域谱函数的相似性，在层位约束的时窗范围内，由式（3-2-8）谱变换得到二者的特征向量，通过式（3-2-9）最小二乘法求取反滤波算子，以井震标定质量作为质控和压制参数优选的标准，逐层对深层地震中的多次波进行压制。

$$G(f) = W(f) * \left[X(f)X(f)^+ \right] \qquad (3-2-8)$$

式中　$X(f)$——地震道；

　　　$G(f)$——谱矩阵；

　　　$W(f)$——平滑滤波器；

　　　$*$ 和 $+$——褶积和共轭转置运算。

$$F(f) = I - \sum_{j=1}^{k} V_j(f)V_j^+(f) \qquad (3-2-9)$$

式中　$F(f)$——n 维滤波器；

　　　I——单位矩阵；

　　　$V_j(f)$——谱矩阵 $G(f)$ 的前 k 个特征向量。

2. 技术实现

首先，通过井合成记录、速度谱等分析多次波发育情况，确定多次波压制时窗。

其次，利用前述方法分析确定产生多次波的主要源界面。对多次波源界面进行层位解释，并进行平滑处理，以消除地震解释异常值对后继处理影响。

按照源界面产生多次波程度，对源界面和压制时窗内的地震数据进行谱变换，求取特征向量，模拟预测出相似源界面振幅和频率的多次波，逐层进行多次波压制，中间以井震标定质量作为质控和压制参数优化的标准，直至达到满足要求为止。

在高后梯—磨溪地区，先后沿产生深层多次波的三个主要源界面进行多次波预测，逐步实现对深层多次波压制，取得了好的效果。图 3-2-13 为逐层压制的深层多次波地震剖面，可以看出，消除掉的地震反射和源界面构造形态相似、纵向上具有条带状特征，主要为多次波干扰。图 3-2-14 对每一步压制掉的多次波噪声沿灯四段时窗提取的均方根振幅图，平面上表现出团块状，具有层间多次波的特点。

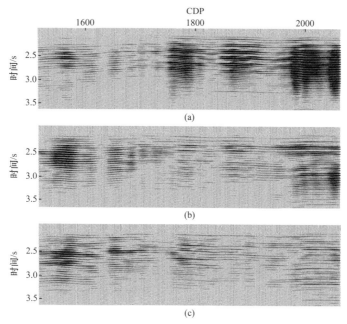

图 3-2-13　三个源界面约束压制的多次波剖面

（a）P_2l 底；（b）O_1 底；（c）T_1f_3 底

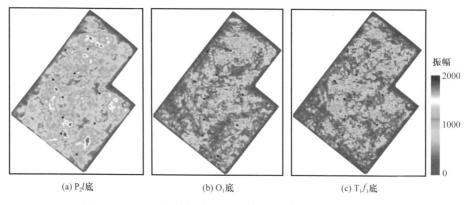

(a) P_2l 底　　　　　　(b) O_1 底　　　　　　(c) T_1f_3 底

图 3-2-14　三个源界面约束压制灯四段多次波 RMS 属性图

图 3-2-15 为压制多次波前后的叠加地震剖面对比图，可以看出，压制多次波后地震剖面质量明显提高，前震旦纪地震成像质量改善更为显著。首先，大部分近水平多次波被很好地消除，剖面信噪比有了很大的提高。其次，真实的地层反射在剖面上得到好的体现。多次波压制后，地震剖面上前震旦系整体表现为不连续弱反射的特征，符合目前结晶基底的地质认识。

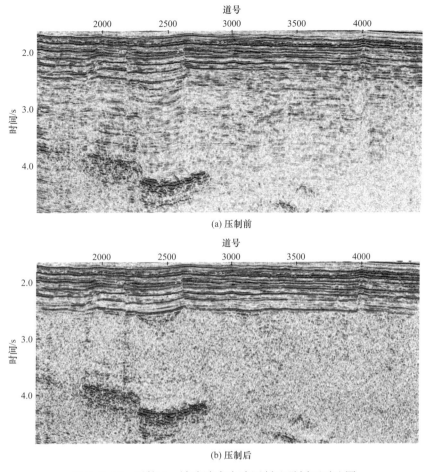

(a) 压制前

(b) 压制后

图 3-2-15　层控 f-x 域滤波多次波压制地震剖面对比图

该处理技术采用测井、地震解释相结合的方法，减少了压制多次波的不确定性，更好地分离和消除多次波干扰波。具体特征包括：针对地震剖面上多次波波场特征复杂、难以识别的问题，在已有多次波源界面认识基础上，在构造约束下进行多次波识别和压制，使得多次波的压制针对性更强；通过多个层间多次波来源界面的逐级迭代处理，可以实现对多个不同来源的多次波压制，压制效果更好；采用测井数据进行约束和中间过程控制，更有利于提高井震一致性，实现更好的质量控制。

该技术理论假设时深层一次波和多次波不相关或者相关弱。令人遗憾的是，部分地震资料中层间多次波比较隐蔽，和一次波振幅、产状相近，在压制时窗范围内二者往往具有一定的相关性，如高—磨地区灯影组二者构造形态十分接近，处理时有效信号和干扰波都会被压制，此时更加需要加强质量控制和分析，有限程度合理使用。

第三节　层间多次波压制处理质控

常规处理质控方法往往以处理人员、大时窗分析和统计结果为主，不能满足复杂地质情况、高精度地震的要求。尤其是多次波和一次波差异小时，受技术方法和地震资料处理人员的水平与经验影响大，压制多次波的同时有可能损伤一次波。因此，在相对保幅的要求下，还需要联合解释，利用解释人员掌握的丰富资料和地质认识、解释技术和手段辅助地震资料分析、参数优选，共同进一步加强处理质量控制。

一、常规处理质控

过程质控以常规处理质控为主，主要由处理人员完成。在关键的处理步骤，通过点、线、面对比分析，借助质量监控图件，图形化定量分析处理效果，监控处理过程中的振幅变化，间接、定性评价多次波压制效果。点的质控包括主要控制点、关键井的地震叠前道集、叠加速度谱等。线的质控包括过关键井的地震叠加剖面、残差剖面对比，以及自相关和频谱剖面等。面的质控主要基于平面属性，包括地震记录能量、主频等平面属性图，与地表高程、低速带等平面图对比，判断地震资料与地表条件的相关性是否得到有效消除。此外，还可以联合解释，通过提取沿层属性，结合钻井情况和地质规律，实现更为深入的质控（图 3-2-9、图 3-2-10）。

二、井震匹配质控

合成地震记录不仅包含地震反射时间与地质层位的对应关系信息，而且能够有效反映地震反射信号的振幅和波形特征，是连接地质、测井和地震资料的桥梁。通过合成地震记录与地震处理结果对比以及相关性分析是一种相对直观且有效的方法，可以分辨地震剖面中反射的真伪，判断多次波压制效果，监控和评价地震资料质量。如果处理质量不理想（多次波压制不足、有效波损伤），则会降低测井合成地震记录与井旁地震波形特征的吻合程度，表现为二者相关性低；反之，合成地震记录和井旁道越相似，说明多次波压制效果好、地震资料品质越高。

井震匹配质控主要由解释人员负责，这是因为标定不仅涉及测井曲线的校正、井震标定技术以及正演模拟工具等诸多方面的工作，还包括综合地质分析研究，解释人员相对更有优势。

图 3-3-1 为多次波压制处理前后地震数据与合成地震记录的对比情况。可以看到，处理前地震波组特征与合成地震记录的吻合程度较差，地震振幅强、弱在垂向上与合成记录吻合不好，在灯四段合成地震记录中显示出弱反射，而地震剖面中存在 1~2 个较强同相轴；参数优化处理后，灯四段内部较强反射或减弱或消失，井震匹配得到明显改善，表明处理方法和参数选择合理。

三、保 AVO 特征质控

测井地震合成记录标定质控仅基于叠后资料，忽略了 AVO 信息。保幅地震资料处理是为地震储层预测服务的，其中有相当大的一部分工作是叠前地震储层预测，因此道集的处理要求保持相对真实的 AVO 特征，以满足叠前储层预测的需要，同时保幅质控也需拓展至 AVO 特征的质控。

保 AVO 特征的质控包括两个方面。

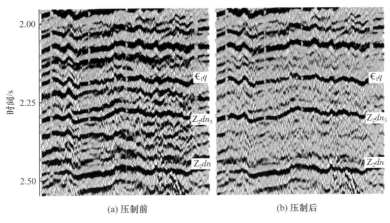

(a) 压制前   (b) 压制后

图 3-3-1　合成地震记录与多次波压制前后地震剖面对比图

1. 保 AVO 属性的处理过程质控

针对处理过程中的关键步骤，选择标志层，分别沿层提前处理前后的道集 AVO 属性，对比分析截距、梯度属性，或者提取 AVO 属性交会图、AVO 相关系数图和 AVO 属性相关时移量图等，对该处理步骤的保幅效果进行半定量评价，工作流程如图 3-3-2 所示。

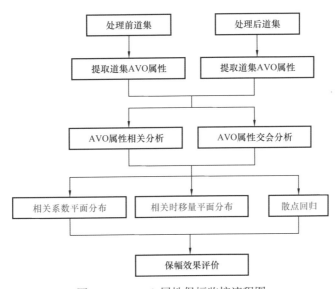

图 3-3-2　AVO 属性保幅监控流程图

该方法基本可以用于主要的处理节点，包括预处理、球面扩散补偿、叠前去噪、地表一致性振幅补偿、反褶积、叠前时间偏移、叠后处理等，完成全程保幅监控。

图 3-3-3 为球面扩散补偿和地表一致性振幅补偿处理前后沿层梯度属性交会质控图，对比其回归直线斜率判别保幅程度，其中球面扩散补偿前后 AVO 属性交会图非常收敛，回归直线斜率非常接近 1，AVO 特征保持好；地表一致性振幅补偿前后交会图相对发散，AVO 特征有明显改变，提醒处理人员注意。

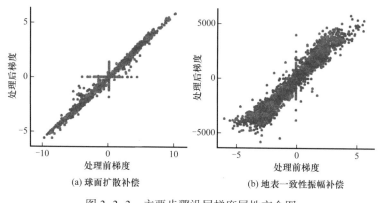

(a) 球面扩散补偿   (b) 地表一致性振幅补偿

图 3-3-3 　主要步骤沿层梯度属性交会图

2. 保 AVO 特征处理结果监控

利用纵横波速度和密度曲线进行叠前道集正演，一方面可获取一次波、一次波＋多次波叠前正演道集，辅助判别多次波压制程度；还可以用实际和正演道集的 AVO 属性对比，分析地震道集的 AVO 保持质量。选取特征明显的地震反射界面，分析正演模拟结果的截距和梯度属性，同时计算井旁实际偏移道集 AVO 属性，并与正演 AVO 道集的 AVO 属性对比，分析实际地震道集是否实现 AVO 特征的保护。

图 3-3-4 为根据某井实测纵波速度、横波速度和密度采用 Zoeppritz 方程正演模拟的地震道集和 AVO 特征分析图。正演道集直观反映出地震反射同相轴随偏移距变化的信息，目的层顶（绿色虚线）为振幅随偏移距变小的 I 类 AVO 特征。

图 3-3-4（b）为以往完成的叠前时间偏移 CRP 道集，道集上目的层近偏距能量小，远偏距能量高，特征分析图上各点分布散乱规律差，整体变化趋势与正演结果相反，说明该次地震资料处理没有做到 AVO 特征的保持，其道集不能用于叠前储层预测研究。图 3-3-4（c）为保幅处理 CRP 道集及其 AVO 特征分析图，和正演结果对比，二者振幅能量和 AVO 特征基本相似，均为 I 类 AVO 特征，说明实际道集 AVO 特征与理论模型一致，处理结果较好地实现 AVO 特征的保持。

保 AVO 特征质控方法，给解释和处理人员提供了一种处理过程中的 AVO 特征得到保持的监控手段和 CRP 道集质量评价方法，从而保证用于解释的叠前地震道集资料在处理过程中保持了真实振幅能量及幅度相对关系，为叠前分析奠定了好的资料基础。

四、多次波平面质控

当前，还未见针对多次波压制处理平面定量质控的研究。为此，提出了利用速度展度属性，计算地震速度谱上能量团横向上的速度差异，作为多次波发育程度和压制效果评价的指标，利用沿层速度展度切片实现三维地震多次波压制效果质控。

图 3-3-5 为高石梯三维灯四段沿层速度展度属性图，用于对 Radon 变换压制多次波效果定量质控。在压制前，三维区内平面上速度展度从 200～900m/s 均有分布，其中600～900m/s 高值区域所占面积较大，显示多次波发育较强且横向分布不均匀。经压制处

理后，速度展度横向一致性大幅变好，分布范围下降到 200～500m/s 之间，说明速度能量团更为集中，多次波得到有效压制，仅有个别高值区，指示多次波残留。图 3-3-5（c）为压制前后速度展度残差，清晰地反映出三维区多次波压制的程度，差值越大，多次波压制程度越大。

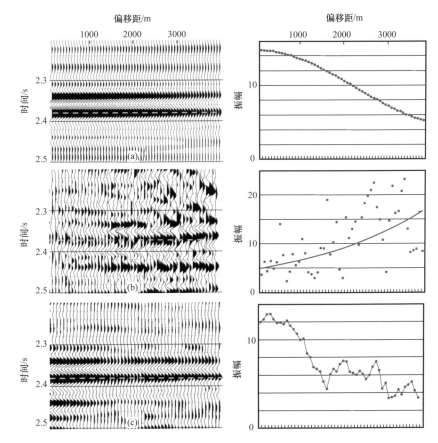

图 3-3-4　正演和实际地震道集及其 AVO 特征分析图

（a）正演及 AVO 特征；（b）以往地震及 AVO 特征；（c）保幅地震及 AVO 特征

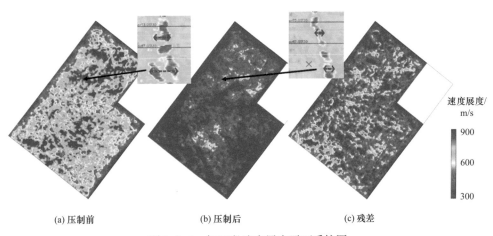

(a) 压制前　　　　　　　　(b) 压制后　　　　　　　　(c) 残差

图 3-3-5　灯四段速度展度平面质控图

第四节　安岳气田深层和超深层多次波压制效果

自 2016 年以来，多次波压制技术已在四川盆地安岳气田灯影组气藏勘探开发得到了规模应用，累计推广应用面积 15735km²/9 个工区。与以往地震资料对比，新的地震资料井震匹配程度大幅提高，深层、超深层成像质量显著改善。

一、地震剖面地质特征更为合理

和以往地震剖面对比，新处理的地震剖面成像更为清楚、合理。图 3-4-1 为研究区不同时期处理地震资料的典型地震剖面对比，成像质量改善主要体现在三个方面。

1. 纵向波组特征清楚

以往处理的地震资料 1 上地震反射波组层次最为模糊，纵向上地震反射振幅能量相差不大，泥岩和碳酸盐岩不整合面对应的强反射标志层连续性不是很清晰，灯影组反射特征与上覆碎屑岩地层反射特征基本相似，灯影组和筇竹寺组内部强反射很多，碳酸盐岩内幕的弱反射特征不明显〔图 3-4-1（a）〕。

以往处理的地震资料 2 上，灯影组顶底界反射得到增强，内部反射变弱，但与上覆碎屑岩地层反射特征差异不明显，碳酸盐岩地层反射特征仍然有待改善〔图 3-4-1（b）〕。

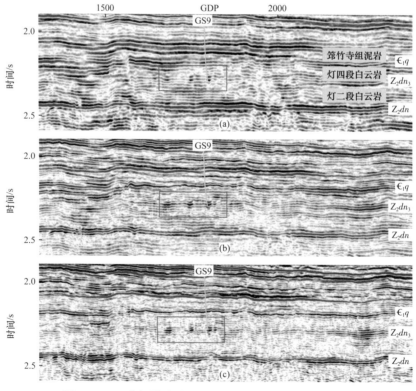

图 3-4-1　不同时期新老地震资料的典型地震剖面对比图
（a）以往地震资料 1；（b）以往地震资料 2；（c）新地震资料

新的地震资料，剖面上多次波的能量显著衰减，纵向上，地震波组的层次最为清楚［图3-4-1（c）］。在筇竹寺组（$\epsilon_1 q$）底、灯影组三段（$Z_2 dn_3$）底和灯影组（$Z_2 dn$）底界，泥岩与碳酸盐岩强波阻抗界面上所对应的标志层反射能量强、连续性好、特征明显，能很好地反映出深层地层分层的结构特征，容易连续拾取和追踪。而在泥岩和碳酸盐岩（灯四段白云岩和灯二段白云岩）内部，强能量的多次波干扰得到了很好的压制，表现出断续、弱能量的地震反射特征。这种清晰的三强两弱的地震反射结构特征，完全符合地震正演和已钻井揭示的地层情况。

2. 孔缝洞储层"串珠状"反射得以恢复

在强烈的岩溶作用下，灯影组局部范围可发育尺度较大的小型洞穴，已钻井和测井资料显示个别洞穴可达数米级尺度，多数未被充填，理论上可形成"串珠状"反射特征。由于川中溶蚀孔洞规模相对较小，地震响应能量相对较弱，规模相对较小，因此，此类可称之为"弱串珠状"，在地震资料品质不高时，往往难以被发现。

录井资料分析表明，GS9井灯四段底部发育大段裂缝—孔洞型储层，可形成"弱串珠状"反射特征。以往地震剖面上（蓝色矩形内），这些"串珠状"反射能量十分微弱，和周围地震同相轴相比差异不大，极为容易忽略［图3-4-1（a）、（b）］。在本次处理的新地震剖面上"串珠状"反射特征更为明显，和背景能量差异较大，容易分辨，具备了典型碳酸盐岩缝洞体的反射特征［图3-4-1（c）］。

3. 消除了灯影组假台缘带的反射，地震剖面成像清晰

图3-4-2为高石梯东三维两次处理的地震剖面对比。老的地震资料缺乏有效的多次波压制处理，多次波干扰使深层寒武系和震旦系反射结构复杂化，容易被当作地质异常解释为错误的地质模式，如老剖面右侧出现斜的强能量同相轴，形成"似台缘"的地震相特征［图3-4-2（a）］。多次波压制处理后，有效消除了此类"似台缘带"的地震反射，避免了勘探风险井位部署和钻探风险。

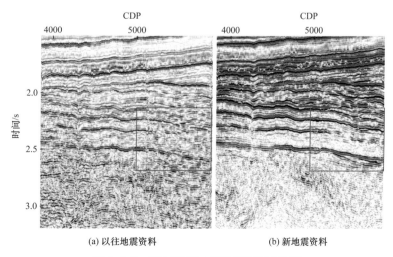

(a) 以往地震资料　　　　　(b) 新地震资料

图3-4-2　高石梯东三维地震剖面对比图

二、井震匹配程度、地震资料保幅性大幅提高

多次波压制处理后，地震资料的保幅性更好，井震匹配程度得到了大幅度提高。

图 3-4-3 为 GS1 井和不同时期处理的地震资料进行井震标定的对比图。图 3-4-3（b）中的黑色地震道为高—磨地区以往某个时期地震资料的井旁道，图 3-4-3（c）中的黑色地震道为经多次波压制处理后的井旁道，红色地震道为该井的测井合成地震记录。对比可以看出，在中—浅层，两组地震数据与测井合成地震记录都有较好的一致性，相关系数达到 0.8 以上；但在深层，震旦系—寒武系时窗（蓝色矩形）中，以往地震资料存在多个强反射和合成地震记录对不上（蓝色箭头所指位置），相关系数不到 0.6；经多次波压制处理的新地震，在筇竹寺组泥岩和灯四段白云岩内部，地震数据表现为弱振幅特征，与测井合成的地震记录一致，且二者内部的弱波峰也能很好对应，相关系数从 0.57 提高到了 0.85，提高了 49%。

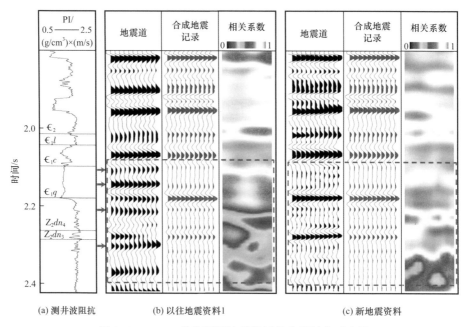

图 3-4-3 GS1 井和不同地震资料的井震标定对比图

GS1 井三维区 10 口探井合成记录与以往地震以及新地震资料井震标定的相关系数统计表明，多次波压制处理的新地震资料与全部 10 口井合成记录的匹配程度都得到改善，相关系数均大于 0.55，其中 5 口井超过 0.8，平均相关系数从以往的 0.57、0.62 提高到 0.74，增幅达到 30%（表 3-4-1）。

表 3-4-1 GS1 井三维探井深层地震与合成记录相关系数统计表

井名	以往地震资料 1	以往地震资料 2	新地震资料
GS1	0.57	0.71	0.85
GS2	0.39	0.56	0.69

井名	以往地震资料 1	以往地震资料 2	新地震资料
GS6	0.18	0.56	0.58
GS7	0.70	0.74	0.84
GS8	0.73	0.61	0.85
GS9	0.49	0.50	0.63
GS10	0.75	0.73	0.84
GS11	0.64	0.66	0.81
GS12	0.66	0.64	0.65
GS102	0.58	0.50	0.68
平均	0.57	0.62	0.74

三、超深层地层结构得以恢复

经过多次波压制处理后，超深层大部分近水平强能量多次波被消除，前震旦纪地震成像总体展现出全新面貌。

图 3-4-4 为高—磨地区三维多次波压制处理后地震剖面，和以往地震剖面（图 2-1-7）对比，主体由近水平强能量连续强反射变为弱振幅不连续或者近杂乱的反射特征。由于超深层地层年代久、埋藏深、压力大，其地层的波阻抗普遍较高且差异小，难以形成较大的波阻抗界面，不具备形成连续地震强反射的地质背景，因此，以往地震剖面不符合深层地震波传播的规律。当前新地震资料，超深层具有的近杂乱弱反射，更加符合四川前震旦纪中元古代、新元古代超深层为浅变质沉积岩和火山碎屑岩的地质情况。

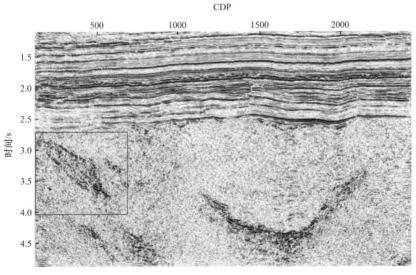

图 3-4-4　高—磨地区三维压制多次波后新地震成果剖面图

同时，高倾角的强能量反射连续性变好、成像更为清楚，以往老剖面中水平反射和高倾角反射相互"穿层"的干涉现象基本得到了消除，其分布范围和厚度得到恢复。图 3-4-5 为局部放大地震剖面对比图，相比以往（图 2-1-8），多次波压制处理后，地质异常体内部斜反射同相轴连续，外部边缘和形态完整清楚，为一个后期完整的倾入体。川中地区地表相对简单、中浅层构造平缓，排除地震资料采集和处理因素的影响，可以判断深层高倾角强能量地震反射不是深层干扰波或者异常噪声，而是真实地层的地震响应特征。

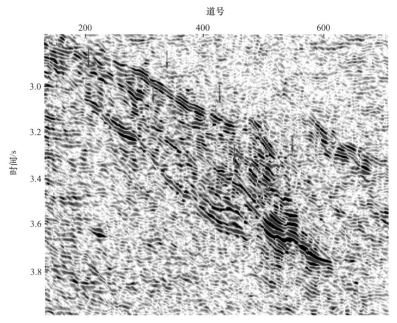

图 3-4-5　高—磨地区三维地震剖面对比图

通过对前震旦超深层地震强振幅属性提取，高倾角异常体平面规律也得到良好刻画（图 3-4-6）。川中及临近周边地区共有五口井钻入前震旦系，分别为龙女寺构造的女基井、老龙场构造的老龙 1 井及威远构造的威 15 井、威 28 井与威 117 井。其中，威远地区的三口井均为花岗岩。威 117 井基底取心资料说明该井前震旦系主要由花岗岩类组

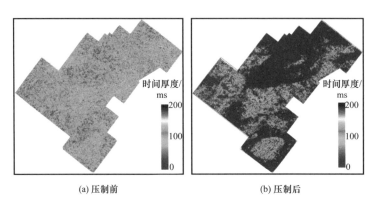

(a) 压制前　　　　　　　　　　　(b) 压制后

图 3-4-6　超深层异常振幅时间厚度对比图

成，精确定年其结晶年龄为 794+11Ma；女基井 5963～6010m 的薄片鉴定为流纹英安岩，Rb—Sr 全岩等时年龄测得为 701.50Ma，同属于新元古代。结合异常体的剖面特征和平面形态，推测超深层高角度强反射主要为火山岩的地震响应，包括火山侵入岩和火山喷发岩。

通过多次波压制处理，超深层地震剖面反映出不全新地层反射和地质结构，为建立川中前震旦纪地质新模式提供新的资料基础。基于以上超深层整体弱地震反射和强能量高倾角地震反射的波组特征、外部形态，结合已钻井揭示的地层情况，基本证明：川中超深层在整体发育厚层变质、浅变质沉积岩的背景下，发育大型火山倾入体和火山碎屑岩。由以往的裂谷模式改变为基底浅变质岩和大规模火山喷发岩模式，和目前区域地质背景、钻井岩性很好地统一起来。

第五节　多次波压制技术应用前景及展望

一、应用前景

随着勘探程度的不断深入，储层埋藏越来越深，地震反射弱，资料信噪比低，层间多次波对深层地震资料造成的危害也愈发严重。

从平面上看，多次波在中国各大含油气盆地普遍发育。据近年中国石油物探攻关项目统计表明，有一半到三分之二的项目都存在多次波识别和压制的问题，涉及塔里木、四川、鄂尔多斯、准噶尔、松辽、渤海湾、柴达木等多个盆地。如鄂尔多斯盆地上覆煤系地层产生的多次波对目的层地震反射结构和振幅特征造成严重影响，很容易导致错误的地质推断，影响储层预测精度。海拉尔盆地塔木兰沟组，由于上覆多套地层速度存在反转，目的层顶底地震识别都很困难，地层构造不清，厚度无法预测，严重阻碍了勘探进展；渤海湾盆地馆陶组强反射产生的多次波对下伏地层反射的干扰；海南岛福山凹陷新近系发育的多组火成岩与表层之间产生的多次波能量远大于一次波能量，在道集和速度谱上完全掩盖了一次反射波，给地震资料采集和处理带来巨大挑战，成为"世界级勘探难题"。

以准噶尔盆地为例，盆地腹部石炭系内幕存在多次波干扰，给速度分析、偏移成像、地质解释带来很大困难。石炭系以玄武岩、凝灰岩为主，层速度较高，内部地层物性差异小，没有好的波阻抗界面，有效信号波组特征较弱；石炭系顶风化壳面为一强波阻抗界面，产生的强屏蔽作用加剧了石炭系内幕反射能量变弱程度。与此同时，上覆侏罗系强波阻抗界面及内部煤系地层强反射，产生的层间多次波大大降低了石炭系顶界面及内幕成像质量。

图 3-5-1 为该区叠加地震剖面图和典型速度谱，可以看出，深层地震地质条件复杂且多次波干扰严重，在石炭系顶界面及内幕，大部分速度谱上能量团聚焦性差，有效波速度求取较为困难，石炭系多次波识别和压制难度大，使地震剖面上石炭系火山岩体边界难以识别，地层尖灭点不清晰，加大了石炭系火山岩油气勘探开发的风险。

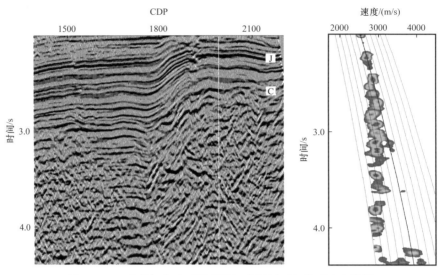

图 3-5-1　准噶尔盆地石炭系叠加地震剖面和典型速度谱图

可见，在向地球深部进军的同时，除了三大克拉通盆地（塔里木盆地、四川盆地、鄂尔多斯盆地）外，其他陆上盆地都面临着多次波干扰的问题。因此，多次波识别和压制技术对未来深层和隐蔽油气藏勘探开发具有应用价值和借鉴意义，推广前景广阔。

二、技术展望

多次波问题由来已久，至今仍然是地球物理学家们最关心的问题和研究课题。在前人研究成果的基础上，开展了一些工作，主要针对一些应用广泛的方法做测试、研究、配套和改进。由于时间、能力等各方面所限，不可能全面覆盖和深入展开研究，有待于未来作进一步的研究。即便如此，由于接触的实际地震资料、了解的地质需求、碰到的地震处理解释问题相对比较多，因此，在此简单谈一谈对未来多次波技术发展的看法。

1. 处理解释一体化的多次波识别和质控技术

当前多次波压制研究主要集中在地震资料处理中的具体压制方法研究，而对多次波识别和压制评估研究很少，这两项已成为当前多次波研究中的一个技术短板。

多数的技术方法，假设条件满足时，在理论模型上都能有效地压制或消除多次波。然而，实际工作中遇到更多的情况是：深层原始地震单炮信噪比很低，多次波和一次波之间的特征差异很小或没有，在道集、剖面、速度谱上均无法做到有效区分。通过多个实际地震资料的多次波压制处理认识到，由于深层层间多次波的特殊性，除了压制技术的先进性之外，层间多次波压制取得好效果所要解决首要问题是，如何检测出地震资料中的层间多次波并对其影响进行定量评价。

当前多次波识别和定量评价工具不多，并且多数不被处理人员所掌握，因此，除了多次波压制新方法研发之外，加大处理解释一体化的研究，以及研发新的多次波识别和质控技术和软件工具，也许会是今后快速提高多次波压制水平的有效途径。

2. 组合压制

实践表明，多次波处理是一项复杂的系统工程，不存在稳健而又普遍适用的算法，任何一种压制多次波的方法都有其长处与局限性。

当地质条件简单时，滤波法能有效地压制或消除多次波，而且运算量较小，效率较高，常作为生产中的首选方法。但当多次波和一次波之间的特征差异很小或没有时，滤波法效果不好，甚至会严重损伤到一次波。预测相减法具有优异的振幅保真性，算法与速度无关，不需要或很少需要地下介质模型，可以很好地适用于构造复杂地区。

因此，针对目标地区地震地质条件和地震数据的特点，在搞清多次波特征的前提下，试验各种多次波去除方法，针对性设计压制多次波的处理流程，实现多种方法的优化组合，取长补短，有望达到整体压制多次波的最佳效果。

3. 深度学习压制多次波技术

深度学习是在人工神经网络基础上发展起来的机器学习方法之一。深度学习是用于建立、模拟人脑进行分析学习的神经网络，并模仿人脑的机制来解释数据的一种机器学习技术。深度学习因能学习样本数据的内在规律和特征，使机器能够像人一样具有分析学习能力，已成为人工智能领域研究与应用热点，自 2016 年以来，深度学习也迅速成为各行业科技创新的制高点。

随着科技和高性能计算机的发展，深度学习也被越来越多的学者应用于地震处理和解释中。近年来，SEG（国际勘探地球物理学家学会）年会深度学习相关论文逐年增长，2018 年开始爆发式增长，2019 年 SEG 年会人工智能技术应用研究的论文高达 138 篇，占全部论文（978 篇）的 14% 左右。目前，深度学习已经在地震资料处理中多个方面开展了应用，包括地震波初至拾取、微地震事件识别、去噪、地震速度分析、地震初始速度模型建立等方面。深度学习已在地震资料噪声压制方面取得了明显进展。韩卫雪等（2018）将深度学习用于地震随机噪声压制，对叠后陆地数据进行去噪，取得一定效果。唐杰等（2020）将 K-SVD 去噪算法与深度学习网络相结合，综合考虑深度学习网络与稀疏表示方法的优点，研究了基于深度学习的过完备字典信号稀疏表示（Deep-KSVD）的地震数据随机噪声压制方法等，展现出去噪的潜力。然而，国内深度学习应用于多次波压制实例不多，宋欢等（2021）提出一种基于深层神经网络的多次波压制方法，李钟晓等（2020）将深度学习方法引入多次波自适应相减中，均衡一次波保护和多次波压制。

推测其中原因是用于深度学习的训练集不足、质量不高。这是因为，目前对深层层间多次波识别和认识不足，同时缺乏高精度多次波正演模拟的软件工具，训练标签和真实地震往往差距过大。随着多次波识别和正演技术的重视和研发，深度学习也一定会在多次波预测和压制方面取得成功应用。

4. 多次波的利用

在地震勘探中，多次波既可以看成是一种能量很强的干扰噪声，也可以看成是与一次波类似的有用信号。从地震波场传播过程来看，多次波在地下某些地层至少通过了 2 次，和一次波一样也是地下反射层的反射，蕴含着地层结构信息。刘伊克等（2018）发现多次波在地下比反射波传播路径更长且覆盖范围更广，能照射到一次波无法照明到的陡倾角地层，多次波中含有丰富的小角度信息，认为在使用相同炮记录偏移时，多次波能为地下提供更宽的成像范围和更多覆盖。从某个角度说，多次波甚至包含了一次波所不具有的大量地下构造信息。

近年来，许多地球物理学家已对多次波成像进行了探讨和尝试，提出了多种多次波成像方法，包括对分离出来的多次波进行成像、将多次波转化为伪一次波后再成像，或是对含有多次波的地震资料偏移成像。Berkhout（2015）将地震数据看作全波数据，即包括反射波、表面多次波和层间多次波，反演地下结构的反射率，利用层间多次波成像。Wapenaar 等（2014）另辟新路，提出层间多次波成像的 Marchenko 成像理论。

当前，这些多次波成像方法已经在理论模型测试见到较好效果。期望在不久的将来，可以利用多次波来提取更多地下有价值的信息，使用多次波进行地下介质的精确成像，在实际生产中得到应用。

第四章 岩溶储层地震属性分析技术

地震属性分析是以地震属性为载体从地震资料中提取隐藏的信息，并把这些信息转换成岩性、物性或油藏参数相关的信息，从而达到发挥地震资料潜力，提高地震资料在储层预测、表征和监测能力的一项技术。由于属性直接从地震数据中来，基本上所见即所得，增加了其地质成果的置信度，因此在储层预测各项技术中，地震属性分析已经成为勘探开发生产中使用最为广泛、不可缺少的储层预测技术。

第一节 弱信号恢复技术

岩溶储层通常物性差、地震响应弱，同时还受到风化壳不整合面强反射屏蔽的影响，进一步加大了储层地震预测的难度。因此，在进行储层地震预测之前，有必要针对目的层段先开展弱信号恢复处理，增强储层地震响应特征，满足针对不同解释方法对地震资料的要求，以提高储层预测精度。

一、强反射屏蔽下弱信号增强技术

1. 风化壳强反射对储层的屏蔽作用

在地震资料分辨率和薄储层调谐效应影响下，地震记录上看到的某个地震反射同相轴，并不是简单来自一个界面一个反射波，而是来自一组靠得很近的多个界面的地震反射子波叠加的综合结果。因此，地震记录上的一个反射波组通常并不严格对应地质意义上的一个地层分界面。

在一组靠得很近的界面中，往往都会存在这样一个主界面，其两侧波阻抗差异最大、反射波能量最强，对地震波的能量、波形起到主要控制作用。这些主界面通常代表大的层序界面，岩性变化大，地层波阻抗差异大，有时也可能是砂泥岩地层序列中的地质异常体，这些地质异常体具有比围岩大得多（或者小得多）的波阻抗值，在地震响应上表现为一个非常强的反射。而更多地层之间的波阻抗差异不大，地层界面反射波能量相对较弱，尤其是在主界面附近，薄层和围岩波阻抗差异小、反射波能量弱，远远低于主界面产生的强反射能量。主界面产生的强反射和附近储层弱反射叠加在一起，储层弱反射被淹没在强反射及其旁瓣中，形成强烈的屏蔽作用。在这种情况下提取的地震属性，主要也是反映主界面的特征，其他界面的信息往往被掩盖、难以有效识别。

风化壳及风化壳之下发育的岩溶储层就是典型的此类地层组合。在风化壳碳酸盐岩岩溶油气藏中，风化面上、下往往分别为低速烃源岩（或膏岩盖层）和高速碳酸盐岩，风化壳两侧地层的波阻抗变化十分剧烈，在地震剖面上形成区域性强反射。最为有利的岩溶储层发育段紧邻风化壳之下，以低孔低渗为主，和其他碳酸盐岩地层波阻抗差异不大、反射波能量相对较弱，远远低于的强反射能量。

如图4-1-1所示，灯影组顶风化壳上、下地层波阻抗差异大，反射系数约0.2，为强反射同相轴。为了更加清楚地说明不同地层界面对合成地震记录的贡献程度，对主要地层反射系数及其地震反射波进行单独分解。图4-1-1中①（黄色区域）为不整合面响应，贡献了合成地震记录的绝大部分能量。岩溶储层处于不整合面之下100m的范围之内，其中②③④分别为该井主要储层的地震响应，其振幅远小于①的旁瓣能量且完全被掩盖，叠加形成一个宽缓波谷。该处时间位置的地震振幅不能代表储层实际响应特征，更多体现了不整合面子波旁瓣的振幅。

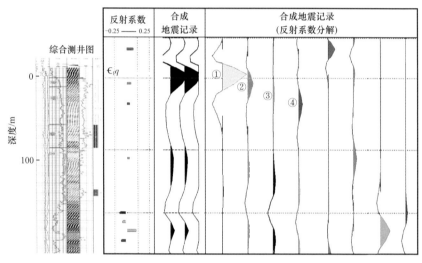

图4-1-1　GS1井测井合成地震记录图（反射系数分解）

通过以上对合成地震记录的单反射系数分解得知，受风化壳界面强反射屏蔽影响，利用常规地震剖面很难追踪岩溶储层的空间展布。由于强反射和储层弱反射振幅、频率特征的差异，通过提高分辨率的手段也难以有效预测储层（孙夕平等，2021）。

针对弱储层反射，前人已经作了大量研究。李曙光等（2009）结合川西坳陷工区测井资料及地震数据频谱特征分析，基于频率域小波的地震信号多子波分解与重构方法实现了对地震资料的分解与重构处理，使得非储层与储层之间，或含油气层与不含油气层之间可能存在的差异最大化，从而更为精确地预测储层的区域分布。Wang Yanghua（2010）提出了多道匹配追踪算法并应用于煤层强反射的剥离。邱娜（2012）针对地震波传播过程中的子波波形变化影响因素，提出多子波地震道模型，并且在此基础上研究了基于匹配追踪算法的地震子波分解与重构方法，该方法在识别弱储层反射，识别断层、尖灭，刻画薄层和储层预测等方面取得良好的应用效果。李海山等（2014）基于匹配追踪算法实现了煤层强反射的分离，突出储层有效反射。从已发表论文的应用情况看，目前主要采用多子波分解和多道匹配追踪技术解决强反射屏蔽下的薄层问题。

2. 多子波分解

多子波分解是把一个地震道分解为不同形状（主频）、不同振幅子波的集合，目的是计算出多子波地震道模型中每一个地层反射系数处地震子波的形状。在反射系数及地震子波都未知的情况下，多子波地震道分解时无法直接计算出具体的地震子波与反射系数。因此，假设地震子波可以由不同主频的某一种子波（如雷克子波）经过某种组合来描述（余刚等，2013）。

多子波地震道重构是将分解得来的全部或者部分具有不同主频和不同振幅的子波，保持它们分解后的位置不变，重新叠加，形成一个新的地震道。由于多子波分解是线性的，如果将全部子波进行叠加，那么重构而成的地震道将与原始地震道相同。如果选择部分子波重构，将会得到一个全新的地震道。所筛选的地震子波不同，重构的地震道所包含的地质信息也有所不同，以反映目标地质体的反射系数。

因此，如果能够找到风化壳强反射界面所对应的地震响应，通过多子波地震道分解技术去除其特定频率段的子波，使用筛选出的剩余子波进行叠加，即可消除屏蔽作用并突出弱信号特征，获得重构后新的地震数据，更好地反映出岩溶储层的发育状况。

图 4-1-2（a）为高石梯地区灯影组原始地震剖面图，图 4-1-2（b）为结合井资料分析后提取的风化壳强反射分量地震剖面图，图 4-1-2（c）为去除风化壳强反射界面分量之后的其他分量地震剖面图，图中红色箭头所示的位置，岩溶储层的地震响应特征得到恢复。

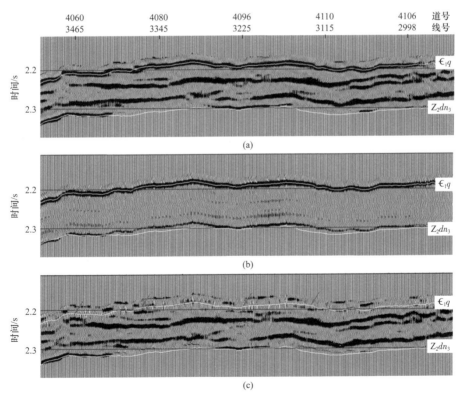

图 4-1-2　高石梯地区任意线灯影组顶多子波分解和重构剖面图

（a）原始地震；（b）反射分量地震；（c）其他分量地震

子波分解与重构技术，应用多子波模型通过数学算法，将地震道分解为不同主频子波的线性叠加形式，利用不同频率子波反映不同地层岩性的思想，从井出发选择不同频率子波进行信号重构消除强反射，该技术在信号重构、储层预测、含气性检测中取得了较好的应用效果。

3. 匹配追踪波形分解

为了描述地震记录的时频特性，通过相变小波建立冗余字典，结合地震复数道分析，采用地震信号谱分解的两步法匹配追踪进行波形分解。

匹配追踪算法将信号展开为冗余字典中的一系列小波或原子的线性组合，可以采用 Gabor 小波、Morlet 小波和 Ricker 小波建立冗余字典。基于小波理论，一个时间序列可以分解为一系列小波的和，这些小波满足对时间积分为零的条件。满足小波允许条件的小波为

$$R(t) = \left[1 - \frac{1}{2}\pi^3 f_{ins}^2 (t-u)^2\right] \times \exp\left[-\frac{1}{4}\pi^3 f_{ins}^2 (t-u)^2\right] \qquad (4\text{-}1\text{-}1)$$

式中　$R(t)$——小波；

　　　f_{ins}——小波峰值频率；

　　　t——时间；

　　　u——子波中心的时移量。

为了更好地匹配地震信号，引入相位项 ϕ，它意味着小波的相位旋转，即相变小波。因此，利用三参数 $\varGamma = \{u, f_{ins}, \phi\}$ 和振幅 a 表征复数道小波。

迭代进行匹配追踪，每步迭代通过自适应拾取最优小波 w_m，对于带宽有限的地震信号 $S(t)$，经过 N 步迭代，展开为

$$S(t) = \sum_{n=0}^{N} a_n w_m(t) + R^N S \qquad (4\text{-}1\text{-}2)$$

式中　a_n——第 n 个小波 w_m 的振幅；

　　　$R^N S$——残差。

通过精确搜索三参数 $\varGamma = \{u, f_{ins}, \phi\}$，计算最优子波的振幅 a_n，最终残差 $R^N S$ 达到所需噪声水平时迭代终止。

为了提高算法的运算效率，根据 Ricker 小波瞬时频率 f_{ins} 和主频 f_m 之间的关系，估计出小波时间延迟长度；将复数道振幅包络从大到小进行排序，然后考虑不同瞬时振幅包络极值点对应的延迟时间和瞬时频率，以该瞬时频率对应的小波时间延迟长度为标度多点定位后进行搜索，在不损失算法精度的同时提高运算效率。

图 4-1-3 为采用快速匹配追踪多次波分解和地震道重构效果图，图中重构道和原始地震道误差很小，在强反射剥离的同时，较好保持了其他地层的地震响应信息。

在塔里木盆地塔中地区，鹰山组与良里塔格组呈假整合接触，泥岩和石灰岩地层产生强反射同相轴，主要开发目的层位于鹰山组顶面上下 100m 左右范围内。图 4-1-4 为塔

中地区一条连井实际地震剖面，良里塔格组良二段储层位于图中两个黑色层位之间，其中 tz82、tz823 和 tz821 三口井为油井，其余为干井。图 4-1-4（a）中可见目的层受上覆不整合面强反射严重的屏蔽作用，储层地震响应特征不清楚，在地震剖面上很难观察到油井与干井之间的区别，使得常规的解释方法受到阻碍。

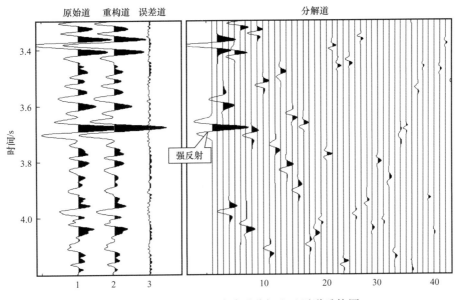

图 4-1-3　快速匹配追踪波形分解和地震道重构图

由于不整合面强反射轴的特征是振幅最大，根据基于匹配追踪算法的子波分解与重构原理，利用瞬时振幅包络处的最大值这一基本依据，选择符合这一条件的子波重构得到强反射轴。从原始地震中减去提取出来的强反射轴，获得剩余地震剖面。图 4-1-4（b）为该区地震数据进行强反射干涉消除后的地震剖面，油井处储层地震响应得到恢复和突出，而在干井处在储层段波峰微弱或者没有明显地震反射。

平面上效果更为明显，原始地震沿层提取的振幅属性刻画储层效果不好，多解性强，不能区分出有利储层发育位置，如图 4-1-5（a）所示。经匹配追踪消除强反射之后，礁滩复合体储层发育范围刻画更为准确，图 4-1-5（b）中，tz82、tz823 和 tz821 三口油井都在红色有利储层发育区域内，而干井都在绿色或蓝色的储层不发育区域，岩溶储层预测结果更为准确可靠。

尽管匹配追踪算法思想简单，但匹配追踪波形分解技术是一种贪婪算法，计算时间较长，因此，面对大的地震工区时，工作效率不高。

4. 自适应反射系数法

1）方法原理
多子波分解和匹配追踪技术去除强反射屏蔽存在几个不足之处。

（1）地震道分解和重构解过程在时间域进行，同时对整个地震数据体进行子波分解，分解和重构计算量大，计算时间较长。

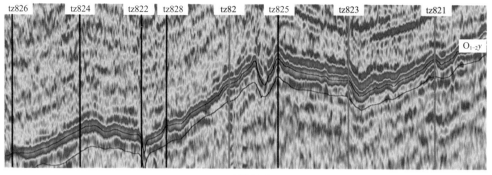

(a) 原始地震

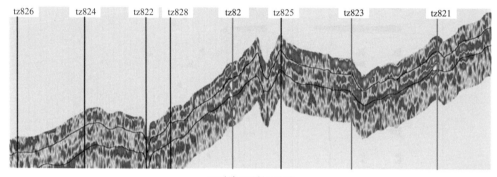

(b) 消除强反射后地震

图 4-1-4 塔中良里塔格组联井地震剖面图

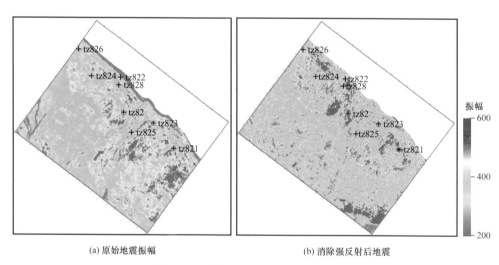

(a) 原始地震振幅 (b) 消除强反射后地震

图 4-1-5 塔中良里塔格组振幅属性图

（2）使用理论雷克子波与实际地震子波会存在一定偏差，只能作为对实际子波的最佳模拟，分解和重构精度不高。实际地层中，地层通常都有一定程度横向变化，造成地震主频也有一定变化，采用相对固定的频率重构地震道，没有考虑主反射界面反射波能量在各个频率均有分布的问题。

（3）去除的分量不仅包含了风化壳强反射的地震响应特征，还去除了地震资料中所包含的和它相似频段信息，如图 4-1-2（b）所示灯影组内幕中的其他分量、图 4-1-3 中的误差道，损伤了其他地层信号，限制了其他分量地震资料的使用范围，如难以利用该地震资料开展地震反演等。

针对子波分解法分解和重构计算量大、应用范围有限等问题，戴晓峰（2016）采用了一种自适应反射系数法消除强反射能量屏蔽，以更好恢复深层储层弱信号特征。

该方法实现过程如下。

（1）判断地震相位，零相位化处理。由于地震资料采集和处理的欠定性及各种因素的影响，原始地震资料有时并非期望的零相位，而是存在一定的剩余相位，会一定程度上影响地震分辨率、地震反射系数和地震属性的提取精度，因此需要分析地震资料相位并进行必要的零相位化处理。具体应用中，采用相位扫描井震标定的方法确定地震资料相位，相位确定后，对地震数据进行相应的相位旋转校正，使子波零相位化，将地震数据转换为零相位剖面。

（2）搜寻强反射界面反射系数及时间。根据所述地震数据对应的风化壳，选取主反射界面搜索时窗的大小。针对每一个地震道，在选定搜索时窗范围内，采用滑动相关或极值搜索技术，确定波峰（波谷）的振幅值和时间，得到采样点位置 T 和反射系数 R。

（3）选取频谱分析时窗，求取地震子波。可选择采用两种地震子波提取方法。如采用理论雷克子波，设定合理的线道范围和时窗范围，将地震数据进行傅里叶变换到频率域，频谱分析确定地震资料主频，即为地震子波的主频。也可采用多道地震自相关统计法求取地震子波，设定统计线道范围和时窗范围，对地震数据沿时间层位逐道提取子波。

（4）将反射系数和地震子波进行时间域褶积，生成强反射界面的单反射系数合成地震记录。

（5）原始地震数据和强反射界面的地震记录相减，生成消除屏蔽后地震数据。自适应反射系数法针对主界面进行沿层搜索，产生主界面地震合成记录的方法简练、运算速度快；采用空变地震子波重构主界面地震合成记录，更加符合实际地层非均质的特点。此外，该方法只拟合和消除主界面的地震响应，不破坏其他地层的地震响应特征，更有利于后续地震综合解释和储层预测研究。

2）技术应用

图 4-1-6 为高—磨地区实际地震资料消除灯影组顶强反射前后地震剖面。

可以看出，位于灯影组顶部岩溶储层的弱波峰响应得到恢复和增强，出现了缝洞储层特有的"串珠"反射（图中黄色色箭头所示），且"串珠"能量强、边界清楚，易于识别，使振幅值能够准确提取。图 4-1-6（c）为被去除的强反射，可见其中只包含风化面主界面的强反射，除此以外没有变化，其他地层反射得到很好的保持。

去强反射屏蔽处理后储层平面特征更为清晰。图 4-1-7 为对处理前后地震数据沿岩溶储层段提取的振幅属性，原始地震振幅平面上整体主要体现的是强反射振幅背景，受时窗难以取准的影响，出现很多"斑马纹状"特征。去强反射屏蔽后，振幅强弱和钻井储层发育好坏符合较好，平面上呈现出强烈的非均质性，具有点状和团块状岩溶特征，岩溶地质特征明显。

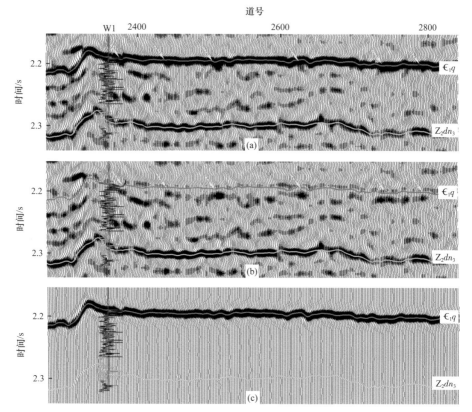

图 4-1-6　实际地震自适应反射系数法去除强反射剖面图

（a）原始地震；（b）去强反射后；（c）去除的强反射

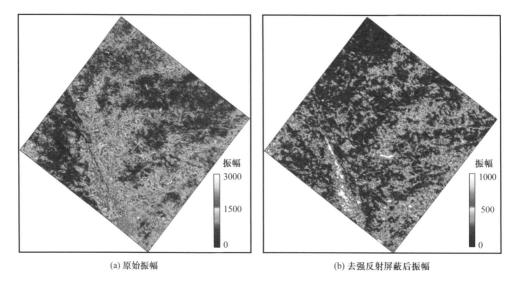

（a）原始振幅 　　　　　　　　　　　　　　（b）去强反射屏蔽后振幅

图 4-1-7　高石 19 井区灯四段上部岩溶储层段振幅属性对比图

二、叠前剩余时差校正处理

解释中广泛利用的 CRP 道集，通常还包含随机噪声、相干噪声或道集同相轴不平等问题，会影响叠加成像质量、构造解释精度以及地震储层预测。因此，虽然在解释阶段，但仍然需要借助处理技术对 CRP 道集进行随机噪声衰减、剩余时差校正、分偏移距能量补偿等精细优化处理，使处理后实际地震道集 AVO 特征和正演道集保持一致，以满足针对不同解释方法对输入资料的要求。

无论是地震资料处理阶段的共反射点叠加，还是解释阶段的 AVA 和 AVAZ 分析，都是以同相轴拉平后的共反射点道集为基础的，同相轴不平会影响后续工作质量，甚至得到错误结果。处理上，常根据共反射点道集的时距曲线方程进行同相轴拉平（动校正），虽然动校正可以保证共反射点道集同相轴基本拉平，但受各种因素（如由于地表高程起伏剧烈导致的静校正不准确、由于水平层状各向同性介质假设条件导致的常规时距曲线方程误差）的影响，动校正往往无法实现共反射点道集同相轴精细拉平，继而降低了共反射点叠加的信噪比，对弱信号的成像具有致命的影响。

为了解决现有技术中同相轴不平、地震解释结果不准确的问题，杨昊（2012）研发了一种针对地震叠前道集的同相轴精细拉平处理方法。将地震道集从时域通过傅里叶变换到频率域，分别求取振幅谱和相位谱，它们分别对应地震道集的振幅信息和时间信息，地震道的时间信息可通过相位谱进行改变。如果 CMP 或 CRP 道集中存在剩余时差，利用相位替换法可以达到剩余时差校正的目的。

对动校正后或偏移后存在剩余时差的地震道集，选定目标时窗内需要校正的地震数据，地震数据各道表示为 $u(t)$，对于存在时差的各地震道可以表示为

$$u_j(t) = x(t - \tau_j) \tag{4-1-3}$$

式中　$u_j(t)$——道集内第 j 道信号；

　　　t——时间；

　　　τ——时差。

利用傅里叶变换将该地震道集变换到频率域，则有

$$U_j(\omega) = X(\omega)e^{i\omega t_j} = |X(\omega)|e^{i[\varphi(\omega) + i\omega t_j]} \tag{4-1-4}$$

式中　$X(\omega)$——叠加道集 $x(t)$ 的频率谱；

　　　$U_j(\omega)$——第 j 道信号的频率谱；

　　　ω——角频率；

　　　$\varphi(\omega)$——叠加道集 $x(t)$ 的相位谱。

各道的相位谱为

$$\varphi_j(\omega) = \varphi(\omega) + \tau_j\omega \tag{4-1-5}$$

在频率域对各道的相位谱用叠加道的相位谱进行替换，使得各道的相位谱一致，而振幅谱保持不变，然后反变换到时间域得到校正后的地震数据，最终实现消除延迟时间的目的。图 4-1-8 为剩余时差校正前后叠加剖面对比，由于减少了道间时差，更好地实现地震道的同相叠加，使得剖面成像质量、分辨率等均得到明显提升。

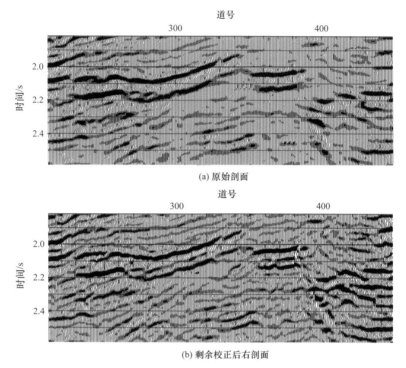

道号

300　　　　　　400

(a) 原始剖面

道号

300　　　　　　400

(b) 剩余校正后右剖面

图 4-1-8　精细剩余校正叠加地震剖面对比图

第二节　地震属性分析技术

目前，包括时间、振幅、频率、相位和吸收衰减等方面的地震属性多达 60 多种，加上几何方面、统计方面，以及综合和派生的属性，已经有上百种属性可以提取和利用。应用地震属性分析和预测储层时，并非是参数越多越好，更为重要的是根据研究区储层的地震响应特征，利用经验方法或数学方法，选出对于所预测地质目标最敏感、最有效、相关性最好的少数属性，提高地震属性的预测精度。

根据正演模拟和生产应用效果，振幅类属性（反映岩溶优质储层）、相干类属性（反映断裂或洞穴）以及波形类属性在岩溶储层预测中更为有效。而频率可作为补充属性，在有些情况下也能取得较好效果。

一、常规地震属性分析

以川中地区下二叠统茅口组岩溶储层为例。茅口组主要为海相碳酸盐岩，是四川盆地主要产气层之一。下二叠世末期，受东吴运动引起构造抬升，茅口组受到强烈剥蚀和风化岩溶作用，上部茅四段全部缺失，不整合面之下残余茅三段、茅二段和茅一段，残余地层厚度 200～220m。茅口组与上覆龙潭组风化壳不整合面上、下岩性特征差异明显：之上由灰黑色、黑色碳质泥岩、泥灰岩夹煤层组成，平均波阻抗为 11000（g/cm³）×（m/s）。之下茅三段为灰色、深灰色中—厚层石灰岩，其中茅三段顶部发育一套 20～30m 厚的亮晶生物灰岩，分布相对稳定，在川西北到川中至蜀南均有分布，为有利储层的发育部位，石灰岩平均波阻抗为17000（g/cm³）×（m/s），有利岩溶储层的波阻抗平均值为15500（g/cm³）×（m/s）。

振幅是地震资料中地球物理意义最为明确的属性参数，同时也是最基础、最常用的方法。戴晓峰等（2017）研究川中地区下二叠统茅口组风化壳岩溶储层时发现，岩溶储层在风化壳面具有弱振幅、低频率的"暗点"地震反射特征，通过属性优选和可靠性验证后，对茅口组顶部岩溶灰岩储层厚度进行了预测。

图4-2-1为茅口组风化壳岩溶储层模型和地震合成记录。合成地震记录上，风化壳界面处为强的反射同相轴。综合分析认为，岩溶储层发育时其顶面对应的弱波峰、低频率特征比较明显，储层三个性质表现出相同的变化趋势，共同指示高孔隙度岩溶气层：储层厚度越大、物性越好，含气饱和度越高，波峰振幅和频率越低。

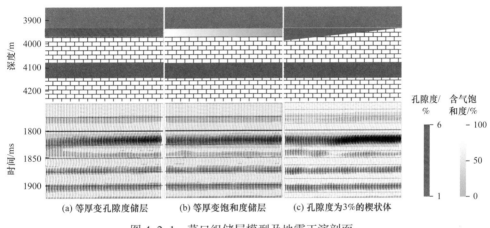

图 4-2-1　茅口组储层模型及地震正演剖面

茅口组岩溶储层地震响应特征得到已知井和实际地震数据的检验。如图4-2-2所示，MX21井岩溶储层不发育，茅三段全部为厚层致密灰岩，厚度为46.3m；茅二段4218.8～4137.3m含气储层厚度8.2m/1层，解释结果为差气层，有效厚度为3.1m，平均有效孔隙度为3.11%；该井在地震剖面上，茅口组顶部对应强波峰地震反射。MX11井为茅口组岩溶储层厚度最大的井之一，从自然伽马测井和成像测井看，该井岩溶作用强烈，紧邻不整合面下发育大套储层：茅口组顶部茅三段4218.5～4233.3m解释差气层厚度为14.8m，有效厚度为11.40m，平均有效孔隙度为3.74%，4237.8～4254.8m解释气层厚度为17.0m，有效厚度为3.95m，平均孔隙度为3.2%；茅二段4256.8～4266.4m解释差气层厚度为9.6m，有效厚度为5.40m，平均有效孔隙度为4.58%；4267.6～4312.0m解释差气层厚度为44.4m，有效厚度为7.69m，平均有效孔隙度为2.35%。该井井旁地震道茅口组顶为宽缓波峰反射，振幅值明显低于川中龙潭组底部正常的强波峰地震反射振幅。

根据测井评价结果统计29口井岩溶储层厚度，与多个地震属性进行相关性分析，采用风化壳均方根振幅和瞬时频率预测储层。图4-2-3（a）为茅口组顶均方根振幅属性图，图上显示有三个分带性明显的低振幅区，和已知井岩溶储层厚度（图中紫色柱状图）符合程度最高，储层发育的 MX11 等井均位于低值区，储层不发育的井（MX21 井）位于高值区。测井解释储层厚度（孔隙度大于 2%）和地震均方根振幅具有较好的负相关性，进一步证明地震均方根属性能够有效地指示岩溶储层厚度。瞬时频率属性和岩溶储层厚度也具有一定的相关性，北部 MX11 井和南部 GS1 井岩溶储层发育区均表现为明显的低频特征，但整体和已知井的符合率比振幅偏低，如西南部 GS7 井附近显示低频率，地震预测岩溶储层发育，但周边四口井的测井解释认为岩溶储层厚度均很薄，因此，频率属性可作为均方根属性的补充和参考 [图 4-2-3（b）]。

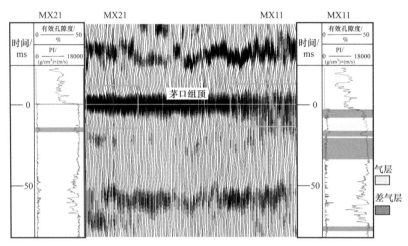

图 4-2-2　MX21 井和 MX11 井联井地震剖面图（不整合面层拉平）

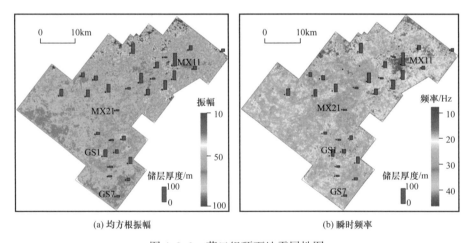

（a）均方根振幅　　　　　　　　　（b）瞬时频率

图 4-2-3　茅口组顶面地震属性图

二、沉积相地震预测

沉积相是岩溶储层形成的基础和先决条件，主导着岩性、岩相的分布，是决定储层物性好坏的基础。

茅口组碳酸盐岩岩溶具有鲜明的岩性分异特征：小型溶蚀孔洞及大型溶洞系统多发

育于高能颗粒滩体中，而在经历早期成岩致密岩中主要发育斜交溶蚀缝（图4-2-4）。这表明高能滩相对岩溶具有控制作用，原生高孔层可作为岩溶水的输导体系，并制约了岩溶水以散流和漫流形式在孔隙中运动，对先期孔洞溶烛、扩大，形成岩溶叠加扩大的孔洞系统。因此，在风化溶蚀程度接近的情况下，岩溶作用在高能滩局部原生高孔段选择性强烈溶蚀。

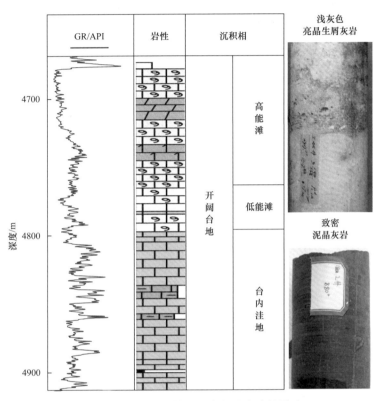

图 4-2-4　GT2 井茅二段岩相对岩溶的影响

高能滩一般属于浅水台地中水动力相对较强的台内滩沉积，其地震相特征为：斜交前积—S形前积—叠瓦状前积，振幅和频率中等，横向杂乱无章、弱连续反射等特点；滩间洼地一般属于浅水台地中水动力相对较小的滩间洼地沉积，沉积环境水体深、能量较弱，在地震上的响应特征主要表现为席状平行—亚平行结构，具有振幅较强、频率高、中高连续反射的特点［图4-2-5（a）］。

根据不同沉积相的地震反射特征不同，通过瞬时相位、相干属性等能间接实现岩溶储层有利相带的预测。

1. 相位属性

瞬时相位描述复地震道的实部与虚部组成的角度变化，通过希尔伯特变换计算得出，然后在分析时窗内计算其瞬时相位得出平均瞬时相位，范围从 –180～+180。瞬时相位可突出地震波横向信号变化，能够更清楚地反映出沉积相整体特征。如图 4-2-5（b）所示，将地震剖面转换为相位剖面后，丘滩体外形更加清晰，内部以杂乱反射为主。

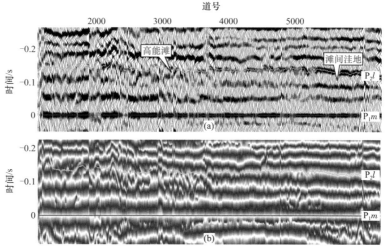

图 4-2-5　茅口组高能带二维地震相剖面特征（茅口组底界拉平）

（a）地震剖面；（b）瞬时相位剖面

2. 波形分类地震相技术

沉积地层的物性参数变化总是会反映在地震道波形的变化上。波形分类就是基于地震道的形态变化规律实现分类，将地震数据样点值的变化转换成地震道形状的变化，用波形形态横向变化刻画地层沉积相、岩性、物性和含油气性的变化，相比于单一的振幅属性可以获得更多信息。

在高石梯地区灯影组，藻丘、颗粒滩、丘滩复合体亚相是最有利的储集亚相类型，其主要的组成岩石包括藻砂屑白云岩和藻白云岩类。大量钻井和地质研究表明，不同相带储层具有明显差异特征。丘滩相以富藻白云岩为主，发育规模不等的原始骨架孔洞，利于后期风化壳岩溶的改造，储层更为发育。而滩间海沉积微相以泥晶、粉—细晶白云岩为主，岩性致密，不利于后期岩溶改造，储层相对不发育。在相同强度岩溶作用下，丘滩相岩溶储层具有纵向厚度大、物性好的特点。因此，丘滩相直接指示出岩溶储层发育区。

统计已钻井藻丘、颗粒滩、丘滩复合体亚相发育厚度情况：灯四段上亚段台缘带丘滩体整体发育，厚度较厚，向台内区块丘滩体发育厚度变薄。

（1）台缘丘滩相。整体发育优质岩溶储层，物性好、厚度大，内部发育洞穴型储层，如图 4-2-6（a）中 GS2 井所示。

（2）台内滩间海相。灯四段顶部岩溶储层物性较差（距灯四段顶 40m 范围内，孔隙度小于 4%），优质岩溶储层厚度小，洞穴型储层不发育且主要集中在灯影组顶部，如图 4-2-6（c）GS101 井所示。

（3）在丘滩相和滩间海相之间还存在过渡相带。灯四段上亚段优质岩溶储层较发育（距灯四段顶 80m 范围内），洞穴型储层距灯影组顶部 50～80m，如图 4-2-6（b）GS18 井所示。

经已钻井对比标定，将三种丘滩体和储层发育情况总结三种地震模式（图 4-2-7）：

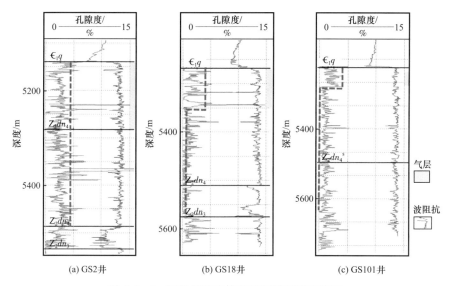

图 4-2-6 灯影组丘滩体和岩溶储层发育情况

储层模式	储层情况	地震波形
模式Ⅰ	灯四段整体发育缝洞型储层，物性好、厚度大，灯四段内部发育洞穴型储层	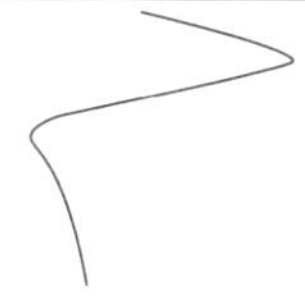
模式Ⅱ	灯四段上亚段缝洞型储层较发育（距灯四段顶部80m范围内），洞穴型储层距灯影组顶部50～80m	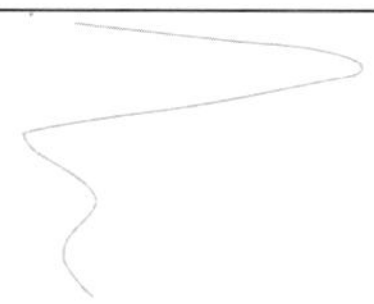
模式Ⅲ	灯四段顶部缝洞型储层较发育（距灯四段顶部40m范围内），洞穴型储层主要集中在灯影组顶部	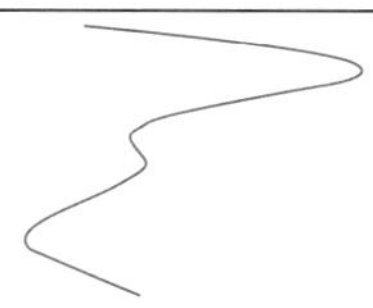

图 4-2-7 三种地震波形模式

（1）丘滩相地震波形模式Ⅰ。主要特征为灯四段上亚段宽缓波谷，灯影组顶部较强—强振幅，寒武系底部下 40ms 左右弱波峰。

（2）过渡相带地震波形模式Ⅱ。波形特征为灯四段上亚段较窄波谷，灯影组顶部较强—强振幅，寒武系底部下 20ms 左右弱波峰，储层物性越好，波峰越强。

（3）滩间海相地震波形模式Ⅲ。波形特征为灯四段上亚段窄波谷或复波，灯影组顶部较弱—强振幅，寒武系底部下 20ms 内弱波峰，储层物性越好，寒武系底部越弱。

将所有地震道按地震波形模式进行分类处理，最后得到地震相属性。灯四段上亚段储层的波形分类结果如图 4-2-8 所示，对比分析可以看出，地震分类波形和模型地震响应特征匹配很好，波形分类能够有效反映储层厚度和丘滩体的变化。

地震相预测图中红色分布区对应丘滩相和储层厚度大的区域、蓝色对应于滩间洼地储层厚度小区域、黄色为丘滩相较为发育的过渡带。从地震相平面分布看，Ⅰ类波形模式丘滩相主要发育在北部台缘带；Ⅱ类波形模式过渡相在工区中部及北部广泛发育；Ⅲ类波形模式滩间海主要集中在工区南侧。已钻井和波形分类结果标定对比有很好的对应性，高产井均位于Ⅰ、Ⅱ类地震波形模式区域，符合率82%。

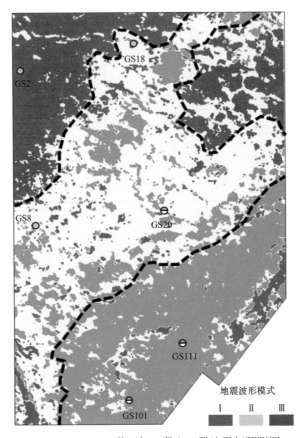

图 4-2-8　GS19 井区灯四段上亚段地震相预测图

第三节　正演模拟约束储层特征与提取技术

一、技术思路

1. 问题和难点

常用地震属性分析的过程包括计算多种层段属性，进行井资料、沉积模型与属性成果图的对比分析，确定匹配较好的地震属性用于储层预测或地质解释。这种地震属性分析和工作流程存在以下两点不足。

（1）以相面分析为主，依靠采用试的方法，缺乏地震属性与地质体内在关系的分析，带有较强的人为主观性。

（2）在多数情况下，单一的地震属性不能满足生产需求。不同岩性段的地震响应特征不同，即使是同一岩性段，由于储层厚度、储层类型、储层组合模式、含油气情况以及围岩的差异，都可导致地震响应特征的差异。因此，利用一种属性描述储层发育情况往往存在多解性，造成预测结果的不准确。

而且，利用地震属性对岩溶储层进行预测还存在其特有的问题。

（1）深层地震资料差，地震属性精度小于中浅层高品质地震资料的精度，进一步增加了单一地震属性的多解性。

（2）岩溶储层所形成的地震反射相对较弱，其最终反射特征不仅受到储层和围岩波阻抗差的影响，还同时受到盖层、储层距离盖层位置等多个因素的影响。

（3）岩溶储层距离风化面近，受强反射调谐影响大，岩溶储层地震属性畸变。

在高石梯地区，人们针对灯影组气藏的地震响应特征已作了深入研究和应用。肖富森等（2018）采用高分辨率地震资料对高石梯地区灯影组岩溶气层开展了高产井地震模式研究，将灯四段风化壳岩溶储层划分三类地震模式；依据台缘带灯影组灯四段上亚段储层"宽波谷"地震响应模式部署钻井，取得了非常好的生产效果，但同时也存在单井产能差异较大、"宽波谷"有利带分布范围局限的问题。其原因是"宽波谷"内具有不同的储层组合关系，储层物性也存在着明显的差异，储层地震识别存在着明显的多解性，难以全面满足台内拓展勘探及台缘开发井位部署的需求。生产实践说明，岩溶储层地震反射微弱，传统的钻井和地震资料联合分析方法，受井点数量和地震资料品质影响大，多解性强，单一的地震属性必然难以实现岩溶储层的高精度预测。

2. 研究思路

在通过去强反射屏蔽处理恢复储层地震真实反射的基础上，开展储层地震正演模拟和分析、确定储层地震响应特征，建立地震属性与储层的内在关系，采用多属性融合技术降低地震预测的多解性，以实现正演模拟约束储层特征分析与提取。

二、岩溶储层正演模拟地震响应特征分析技术

1. 技术流程

研究流程如图 4-3-1 所示，其主要研究内容和关键技术包括：地质模型建立、储层弹性参数模拟、地震正演、地震响应特征分析等。

2. 关键技术

1）建立岩溶储层地质模型

首先，依据研究区已钻井岩溶储层的地质认识，提取岩溶储层的共同地质特征，建立基础岩溶储层地质模型（主要是岩层结构及其几何形态，一般由地质人员来提供）。

岩溶储层在垂向上往往呈现分带的特征，典型的碳酸盐岩岩溶系统纵向上可以划分

为：表层岩溶带、垂直渗流岩溶带、水平潜流岩溶带。纵向上随着距离风化面变大，岩溶作用变弱，储层物性相对变差。如高—磨地区下二叠统茅口组岩溶储层，茅口组包含顶部和下部两套含气层段。主力含气段基本位于不整合面以下100m之内的地层，气层横向连续发育，越靠近顶部不整合面，储层物性越好。塔里木轮南地区岩溶大致分布于古潜山面及以下200m左右的层位，从潜山面以下可分为垂直渗流岩溶带、第一水平潜流岩溶带、过渡带和第二水平潜流岩溶带（顾家裕，1999）。

依据以上岩溶储层地质特点，可将岩溶储层基本地质模型简化为以风化壳为中心、从上至下的三层地层结构：风化壳之上为厚度稳定，均匀的低速、低密度盖层地层；风化壳之下为高速、高密度碳酸盐岩地层；距风化壳顶部发育厚度不等的岩溶储层，用向下厚度变薄的楔形体表示。在以上基础地质模型的基础上，结合各区实际地质情况适当加以改变，并根据实际测井资料填充到地质模型中，即可满足不同地区的需要。

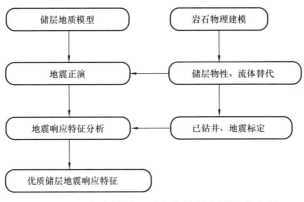

图 4-3-1　岩溶储层地震响应特征分析技术流程

2）岩石物理建模和弹性参数正演，确定不同岩溶储层的弹性参数

依据钻井、测井、地震与地质资料，综合分析地质模型的岩性类别、岩层物性参数等，利用岩石物理技术和流体替代求取各类储层弹性参数特征，包括纵横波速度和密度。

选择合理的岩石物理模型，以测井曲线为约束，构建一套适用于研究区岩溶储层性质与岩石基质、孔隙和孔隙流体弹性参数之间的数学模型。确定岩石物理模型后，以实际测井资料为约束，迭代修改各模型参数以提高模拟曲线和实测曲线的吻合程度，最终标定基本的岩石、流体弹性参数。

根据实测资料标定后的岩石物理模型，进行流体（储层）置换试验。即根据实际的压力、温度，正演计算在特定岩石组分含量、孔隙度、含油气饱和度情况下储层的声学响应参数。图4-3-2为高—磨地区某段储层的不同孔隙度岩石物理正演图，图中清晰地显示不同物性条件下，纵波速度、横波速度和密度的变化量。岩石物理建模和弹性参数正演，为下步建立理想储层弹性参数模型提供了基础的弹性参数信息。

3）地震正演

根据所提供的地质模型、岩石物理模拟结果得到弹性参数模型，选择相应地震正演方法和参数，进行数值模拟计算，得到合成地震记录结果。

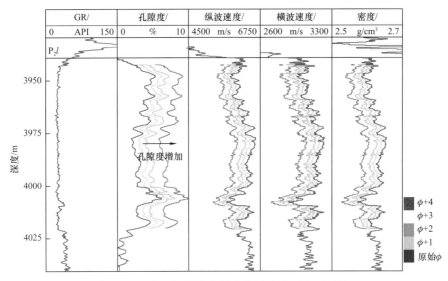

图 4-3-2　茅口组岩溶储层变孔隙度岩石物理正演图

4）地震响应特征分析和已知井验证

地震资料解释人员根据工区地震地质条件、构造特征、沉积特征等资料，对理论模型正演模拟结果进行综合分析，并通过已知井进行检验，给出实际资料与合成记录二者以合理的解释，建立对应的地震响应。

以上技术流程及地质模型能够代表大多数岩溶储层的地震反射基本规律，但也是特定地层情况下的基本认识，并不能代表所有风化壳岩溶储层的地质特点和反射特征。因此，在地震响应特征及地震属性分析中，应具体问题具体分析，避免简单落进误区。

三、高石梯灯影组岩溶储层地震响应特征分析应用

以高石梯地区台内灯影组气藏为例进行分析。

1. 地质模型设计

实钻井分析，灯影组顶部风化壳上覆地层（盖层）为下寒武统筇竹寺组，厚度大、横向稳定，其下段为深灰色、黑灰色泥岩和黑色碳质页岩，测井统计其波阻抗为 10000（g/cm³）×（m/s）。风化壳下伏为灯影组碳酸盐岩地层，以灰色、灰褐色白云岩为主，平均波阻抗为 13800（g/cm³）×（m/s）。相对复杂的是，距风化壳之下 40m 左右发育一套相对稳定的硅质层，波阻抗为 12600（g/cm³）×（m/s）。已钻井岩溶储层分析统计，岩溶储层厚度的最大值为 30m，最大孔隙度为 10%，分布在距风化壳顶部 40m 范围内。岩石物理模型分别正演模拟出孔隙度 1%~10% 岩溶储层的波阻抗后，将以上所述波阻抗分别赋值到地层模型中，得到岩溶储层地质模型。

图 4-3-3（a）为不同厚度储层的地质模型，该模型储层孔隙度为 6%，对应纵波速度为 5600m/s，厚度从 0m 增加至 30m。

图 4-3-3（b）为不同孔隙度储层的地质模型，该模型储层厚度保持 30m 不变，当孔隙

度从 0% 上升到 10%，对应波阻抗从 14950（g/cm^3）×（m/s）上升到 16670（g/cm^3）×（m/s）。

考虑到已钻井实际岩溶储层情况，设计了厚度为 20m、孔隙度由 2% 变化到 10% 的小型岩溶储集体的地质模型，如图 4-3-3（c）所示，储层中间为致密白云岩隔开，横向不连续。

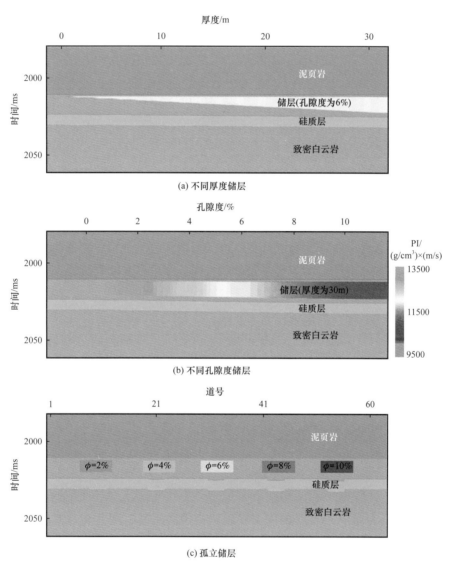

(a) 不同厚度储层

(b) 不同孔隙度储层

(c) 孤立储层

图 4-3-3　灯影组岩溶储层地质模型

2. 地震响应特征分析和实钻井验证

将储层地质模型和 30Hz 雷克子波褶积，正演形成合成地震记录剖面。

图 4-3-4（a）为不同厚度储层地震正演剖面，可以看到储层越厚：不整合面强反射的振幅逐渐变弱，地震频率有少量降低；储层附近对应的波谷逐渐变平滑、由窄波谷变为宽波谷，受强反射屏蔽影响，在储层所在的位置看不出有效反射；硅质岩的弱波峰有微弱变化。

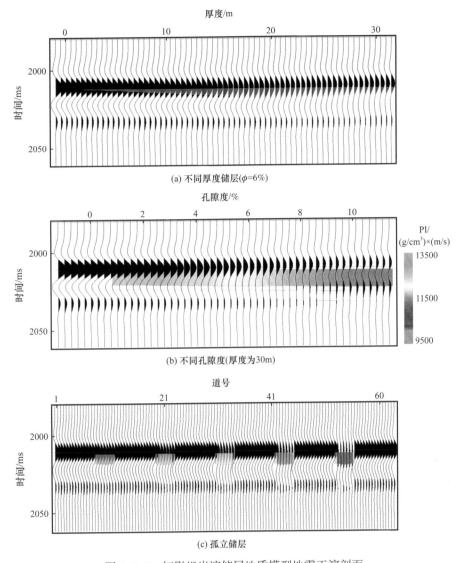

厚度/m

(a) 不同厚度储层(φ=6%)

孔隙度/%

(b) 不同孔隙度(厚度为30m)

道号

(c) 孤立储层

图 4-3-4　灯影组岩溶储层地质模型地震正演剖面

图 4-3-4（b）为不同孔隙度储层地震正演剖面，可以看到储层物性越好：不整合面强反射的振幅逐渐变弱，地震频率有微弱下降；储层附近对应的波谷逐渐变平滑，由窄波谷变为宽波谷，当孔隙度接近 8% 时，相位反转出现弱波峰反射；硅质岩的弱波峰有一定变化。

图 4-3-4（c）为孤立储层地震正演剖面，当储层非均质性强、横向规模较小时，呈现点状特征，类似"串珠状"的"暗点"响应，在地震剖面上表现出非连续性特征。

不同厚度、孔隙度和横向范围储层地震正演剖面联合分析，储层物性变好、厚度变大，表现出相同的地震响应特征：

（1）不整合面强反射振幅变弱，主频下降；

（2）不整合面下储层附近由窄波谷逐渐变为宽波谷直至出现弱波峰，各种情形都有，储层响应十分复杂；

（3）三维空间上地震波具有一定的非连续性。

为了验证模型正演所得到结论的正确性，对井旁实际地震道进行对比验证。

图4-3-5为一条过低产和工业气井的地震剖面。在图4-3-5（a）中，优质储层发育的工业气井GS103井井旁地震响应特征为灯影组顶部较弱波峰，其下为宽波谷，与正演结果的优质储层较厚时的地震响应特征相吻合；优质储层不发育的低产井GS19井井旁地震响应特征为灯影组顶部较强波峰，其下为略微变窄的波谷，与正演结果的优质储层不发育时的地震响应特征相吻合。

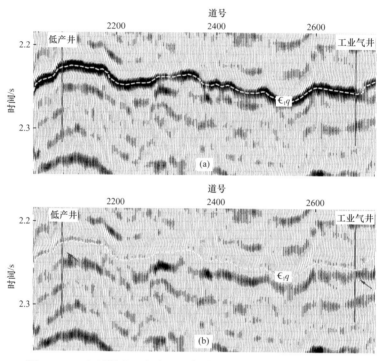

图4-3-5　高石梯地区去除强反射前（a）后（b）典型地震剖面

3. 去强反射屏蔽处理

以上高石梯台内灯影组气藏正演地震记录分析，受到地震子波和调谐的作用，岩溶储层底部振幅响应复杂，不同厚度和孔隙度的岩溶储层可能分别对应波谷、零值点或弱反射波峰，使得储层底面无法有效追踪解释，储层振幅（地震属性）难以确定和提取。因此，采用自适应去强反射技术消除灯影组顶界强反射屏蔽影响，恢复和增强储层地震响应特征以提高储层预测能力。

在不同厚度原始地震正演剖面上［图4-3-4（a）］，储层所在的位置看不出有效反射，通过去强反射屏蔽处理后，在储层厚度为12m的时候［图4-3-6（a）箭头所指位置］，出现了微弱的波峰特征。

在不同孔隙度原始地震正演剖面上［图4-3-4（b）］，仅当孔隙度达到8%时，储层位置出现弱波峰反射，通过去强反射屏蔽处理后，波峰特征提前到储层孔隙度为4%左右出现［图4-3-6（b）］。

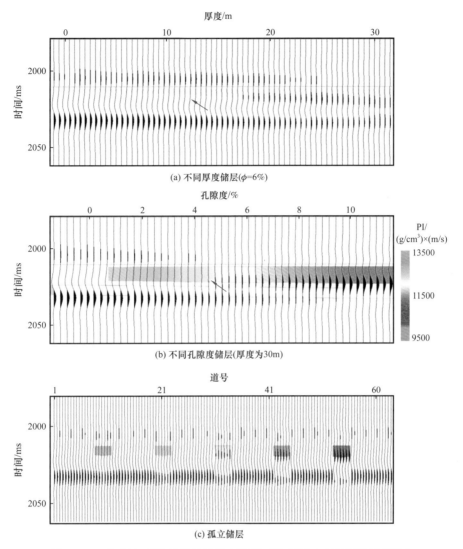

图 4-3-6　灯影组岩溶储层地质模型地震正演剖面（去强反射屏蔽后）

　　模型正演测试对比，在去除灯影组顶部强反射后，视觉上很好地恢复了储层的反射特征，明显提高了储层的识别能力。

　　实际地震剖面表现出相同的效果，如图 4-3-5（a）所示，优质储层发育程度不同的低产和工业气井，在地震剖面上，储层位置都表现为波谷特征，差异细微。工业气井灯影组顶界之下优质储层位置本应出现弱波峰反射，但受灯影组顶部干涉影响，波峰被屏蔽、振幅值难以准确提取。采用自适应反射系数法消除灯影组顶部强振幅干涉影响后，如图 4-3-5（b）中蓝色箭头所指，剖面储层的反射特征得以恢复和突出，工业气井储层处波峰特征清晰可见；低产则表现为平直波谷，和工业气井差异明显，二者得到很好的区分。

4. 风化壳岩溶储层地震响应特征小结

　　通过地震正演及发育岩溶储层的实际地震剖面分析，结合前人对岩溶储层的地球物理研究认识，小型岩溶孔洞的地震响应特征主要表现为"低频弱振幅""相对不连续"及"宽波谷"或"弱波峰"特征。这两个特征为该区优质岩溶储层的地震响应特征，能够定性指示出岩溶储层的发育程度。由于碳酸盐岩缝洞储层比较发育时，会使碳酸盐岩的波阻抗相对降低，与上覆介质的波阻抗差异相对下降，从而使得碳酸盐岩储层顶界面的地震反射系数相对降低，即形成相对弱反射特征；碳酸盐岩的缝洞中通常都含有流体，这会使地震反射的频率下降，从而形成"低频弱振幅"特征。碳酸盐岩缝洞体的分布和形状是杂乱无章的，当空间某一区域的孔洞比较集中时，绕射增强，会产生一些相对不连续反射；缝洞体的波阻抗低于围岩，但由于孔洞小、响应弱，同时受到紧邻风化壳强反射屏蔽影响，导致储层发育部位的呈现出"宽波谷"或"弱波峰"的反射特征，通过去强反射屏蔽影响后，会出现弱波峰—波峰特征，变得更容易识别。

四、地震多属性融合储层预测

确定储层地震响应特征之后，为了更好指导利用地震属性对储层进行定量预测，还要进一步探索储层和地震属性之间的定量关系。

本书基于岩溶储层地质模型及其地震正演，采用地震属性量版分析的方法，减少了地震资料本身质量的影响，详细解析储层厚度、孔隙度和地震属性之间的内在定量关系，赋予地震属性合理的物理意义，使地震属性应用有理有据、预测结果定量化。

1. 优质储层地震预测存在的问题

储层厚度和孔隙度是影响风化壳岩溶储层产能的两个最主要的关键因素。其中孔隙度大小决定了单位体积储层所含流体的多少，孔隙度越大，孔隙空间所含流体越多；储层厚度越大，油气产量越高。

在油气田勘探、开发及评价过程中，为了确定油藏规模和计算储量，人们总是试图求取储层的孔隙度和厚度。然而实际情况是，利用地震属性却一直无法稳定地分别计算出储层的孔隙度和厚度（E A，1998）。Dennis B Neff（1995）通过正演模拟，试图得到不同岩性组合条件下地震振幅与储层厚度的关系，结果表明，虽然振幅值与储层孔隙度和厚度有着密切关系，但在所有岩性组合的模型中，储层孔隙度和厚度之间都存在相互影响，无法由振幅唯一确定。而且不同模型中振幅的敏感参数不同，在高孔隙度砂岩中，振幅对厚度的变化较敏感；在低孔隙度碳酸盐岩和致密砂岩中，振幅对孔隙度的变化较敏感。

基于前述岩溶储层地质模型及其地震正演结果，也能得出相似结论。图4-3-7为基于以上模型正演数据建立的风化壳振幅属性和储层厚度关系图版，图版中每个储层厚度包括10种不同孔隙度（用不同颜色表示）。图版显示，振幅属性能反映出储层相对发育程度，但是任意一个振幅值都可能对应多个不同厚度或孔隙度的储层情况，无法区分是储层厚度还是孔隙度带来的影响。图4-3-8为储层底（去强反射屏蔽后）振幅属性和储层厚度关系图版，也是如此。

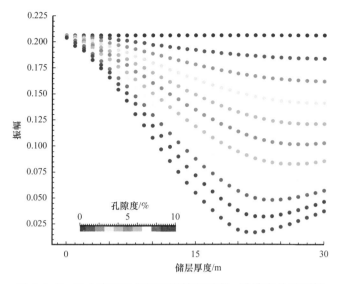

图 4-3-7　风化壳面地震振幅和储层厚度、孔隙度关系图版

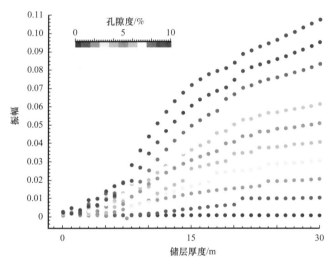

图 4-3-8　储层底地震振幅和储层厚度、孔隙度关系图版

实际上，对多个实际工区已知井的储层和试气产能分析后发现，单独的储层厚度或者孔隙度都不能很好地反映储层的潜在产能，而是采用储能系数（储层厚度 h 与孔隙度 ϕ、含油饱和度 S_o 或含气饱和度 S_g 的乘积）表征油气富集和预测产能，常用（$h\phi S_g$）或（$h\phi S_o$）表示，综合反映储层的厚度、规模、形态、物性和级别等特征。

在 GS19 井区灯影组气藏这个现象尤为突出。探井之间试气产能相差大，并且试气产能和岩溶储层（气层）厚度明显不符，储层厚度和试气产能交会显示二者之间没有明显联系［图 4-3-9（a）］。如果采用储能系数反映储层质量，如图 4-3-9（b）所示，二者存在较好的正相关性，储能系数越大，试气产能越高。因此，对于碳酸盐岩岩溶储层来说，无需利用地震属性分别预测厚度和孔隙度，而是直接预测出储能系数就能对其产能进行有效预测。

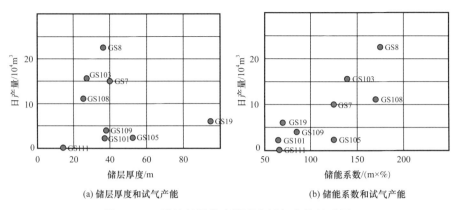

(a) 储层厚度和试气产能　　　　　　　(b) 储能系数和试气产能

图 4-3-9　岩溶储层发育情况和试气产能关系图

为此，重新绘制敏感地震属性和储层储能系数的图版。图 4-3-10、图 4-3-11 分别为风化壳、储层底（去强反射屏蔽后）振幅和储能系数关系图版，二者之间存在良好的线性关系，都能够对储能系数进行预测。

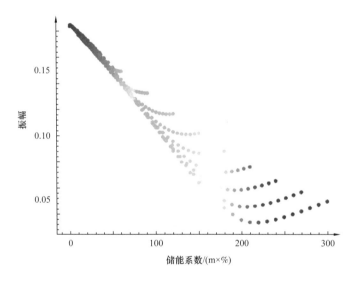

图 4-3-10　风化壳面振幅和储层储能系数关系图版

2. 多属性融合

为减少地震噪声对属性预测精度的影响、避免单一属性造成的误差和多解性，对多个敏感地震属性和储能系数进行多项式拟合。通过已知井标定最优地震属性数量及其系数后，应用拟合关系式计算得到属性融合图。

图 4-3-12 是高石梯台内 GS19 井区通过两个地震属性对储层储能系数预测结果。图中红色及黄色范围表示优质岩溶储层厚度大的位置，井旁黄色柱子高度代表该井实际储能系数大小。对比可见，地震融合属性预测结果与各井的测井解释结果以及试气产量吻合很好：产量达 $65 \times 10^4 m^3$ 的水平井 GS110 井处在优质储层最为发育区，产量大于 $10 \times 10^4 m^3$ 的 GS103 井和 GS108 井均处于有利位置，而产量较低的 GS19 井、GS109 井、GS105 井、

GS101 井和 GS111 井则处于白色区域内，即优质储层不发育区。灯影组优质储层平面上呈点状、珠状分布特征，岩溶体单体规模不大，局部地区岩溶作用强烈，珠状岩溶体横向连通、平面复合连片，在 GS110 井、GS103 井、GS108 井和 GS8 井附近形成有利岩溶发育带。

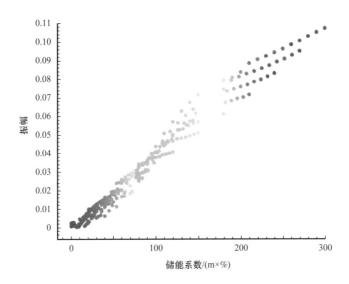

图 4-3-11 储层底振幅和储层储能系数关系图版

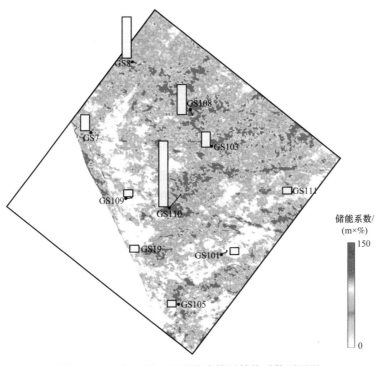

图 4-3-12 灯四段上亚段岩溶储层储能系数预测图

第五章　岩溶储层地震反演方法

地震反演，通过岩石物性（孔隙度、渗透率等）与地球物理参数标定，可以间接或直接求取储层物性或含油气性参数，是地下储层横向预测和油气检测的核心技术。现今地震反演实现方法很多，主要包括递推反演、稀疏脉冲反演、基于模型反演、地震属性神经网络反演、有色反演等。总体上，从所用地震资料来分，地震反演可分为叠后反演和叠前反演两大类。

对于深层岩溶储层而言，叠后反演和叠前反演各有其自身的优势。叠前反演同时利用了纵横波速度，理论上能够得到的弹性参数远较叠后反演丰富，具有更强的岩性与含油气性识别和预测能力。然而，对于深层岩溶储层来说，叠前道集存在信噪比过低、入射角不足等限制，有时达不到中—浅层的实际应用效果。叠后地震反演基于零偏移距的假设之上，只能单一地应用纵波阻抗信息，对储层及含油气情况识别能力存在不足。但是，叠后反演所采用的地震资料品质普遍更好，反演方法抗噪能力更强，在实际生产中得到长时间的检验；并且，随着技术进步，近来的统计学反演、波形指示反演等叠后反演方法也在逐步提高储层预测的能力。

针对岩溶储层特殊地震地质特点，开展技术攻关，逐步在某些方面取得了一些新认识和技术创新，在此进行详细介绍。

第一节　叠后地震反演

与致密围岩相比，碳酸盐岩储层具有低速度、低密度、低波阻抗值特征。因此，在碳酸盐岩地层中，如果不含其他岩石组分的话，波阻抗是能较好反映储层物性的参数，此时叠后波阻抗反演体是进行储层量化研究最可靠的资料。

图5-1-1为川中茅口组顶部风化壳石灰岩岩溶储层纵波阻抗和孔隙度交会图，图中纵波阻抗和孔隙度呈现出好的近线性关系，叠后反演纵波阻抗具有很好的储层识别能力，可计算出孔隙度等参数，进而实现储层厚度和物性的有效预测。

碳酸盐岩岩溶储层具有强烈的非均质性，因此，不能用完全照搬针对砂岩相对均质储层的常规反演方法来处理，差异主要体现在两个方面。

一、反演方法选择

当前，国内应用广泛的是基于模型反演和稀疏脉冲反演。

基于模型地震反演方法是从地质模型出发，采用模型优选迭代扰动算法，通过不断修改更新模型，使模型正演合成地震记录与实际地震数据吻合最佳，最终的模型数据便是反演结果。基于模型地震反演技术以测井丰富的高频信息和完整的低频信息补充地震资料有限带宽的不足，是油田评价和开发阶段精细描述的关键技术之一。模型约束反演的不足之处在于多解性较强，受初始模型（往往由井插值而来）的影响较大，一定程度上牺牲了横向分辨率，不适用于储层横向变化快的地质情况。

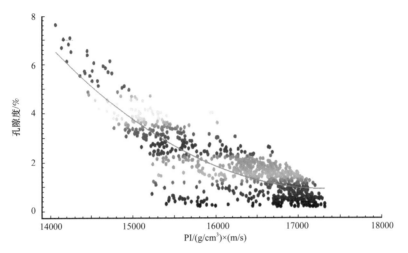

图 5-1-1   川中茅三段岩溶储层和非储层波阻抗分布图

稀疏脉冲反演是基于稀疏脉冲反褶积的递推反演方法，其假设地下地层的波阻抗模型对应的反射系数序列模型是稀疏的，在迭代反演过程中，从地震道中依据稀疏脉冲的原则提取反射系数，与子波褶积后生成合成地震记录；利用合成地震记录与原始地震道残差的大小修改参与褶积的反射系数个数，再作合成地震记录。如此迭代，最终得到一个能最佳逼近原始地震道的反射系数序列。该方法以约束反演过程中求得的正演合成地震数据与实际地震数据最佳吻合为最终迭代收敛的标准，既充分考虑到将地质构造框架模型和三维空间的多井约束模型参与反演来限制反演的多解性，又使反演结果比较符合地震资料所具有的振幅、频率、相位等特征，从而使波阻抗反演得到的数据更趋于真实，多解性较小。稀疏脉冲反演算法只要求模型匹配地震数据，所以该方法适用于井数较少、地质层位结构简单的地区，甚至都不需要考虑地质因素，能够得到地震分辨率尺度的反演结果，为开展储层地质解释提供较可靠的信息。

碳酸盐岩沉积相带变化快、成岩作用及其变化过程更为复杂，尤其是岩溶储层非均质更强，因此采用井控作用较弱的稀疏脉冲反演方法，该方法更重视地震资料本身的变化趋势，大区预测能力更强。

二、低频模型建立

地震数据的频带宽度有限，缺失高频和低频的信息。高频信息的缺失影响薄层的分辨率，而缺失低频信息则给厚层的分辨以及地震资料的定量解释造成困难。使用稀疏脉冲反演无法直接得到地震数据中缺失的低频成分，需要低频模型补充缺失的信息，以获得绝对波阻抗，因此，低频模型对提高反演精度意义重大。

常规碎屑岩反演中低频约束模型使用已钻井线性内插来建立。为了提高反演分辨率往往尽量使用最大数量的井，根据地质解释层位和断层内插小层建立地质框架结构，在地质框架的控制下，按照一定的插值方式对测井数据沿层进行内插和外推，产生一个平滑、闭合的实体模型。常规井插值初始模型以均匀介质模型为基础，适合相对稳定、横向变化不大的地层，并且其模型结果受已钻井的数量、平面分布状态影响大，增加了结果的不确定性，井点附近有时会出现"牛眼"现象。

碳酸盐岩岩溶储层物性差异大、非均质性强，常呈团块状、点状等形态分布，具有典型的"偶然性"发育特点，钻井井网分布不如碎屑岩规则，以层位为约束、基于井点内插和外推构建的低频模型不能较好地反映岩溶此类强非均质性储层特点，更容易出现"牛眼"现象。因此，碳酸盐岩岩溶储层低频模型建立的原则是采用少量的井、简单趋势。主要包括以下三种低频模型建立方法。

1. 层序地层格架约束构建常数低频模型

将目的层近似为一种块状岩石，对一致性处理后的测井曲线，统计不同层段的波阻抗得到每个地质层中块状岩石的平均参数，建立低频模型。常数低频模型要求初始地震资料低频端尽可能低，否则，最终绝对波阻抗会缺少部分频率成分，精度降低。该方法精度不高，适用于地层平缓、无明显起伏构造、弹性参数低频横向变化不大的地区，往往在勘探阶段用于预测储层整体展布规律。

2. 应用压实趋势构建低频模型

适用于地层斜度大、层段内压实趋势明显、井分布不均匀的地区。在测井数据的标准化、归一化处理后，提取测井的纵 / 横波速度和密度曲线的低频趋势线，作为弹性参数趋势背景值，建立低频模型。

3. 相控构建低频模型

大量钻井和地质研究表明，不同相带储层具有明显的整体差异特征。

例如在高—磨地区灯影组，灯四段丘、滩相在台缘带更为发育（图 5-1-2），向台内发育程度逐渐降低。台缘带高地貌发育高能丘滩复合体，丘滩体厚度大，可多期丘滩叠置发育；台内低地貌发育低能丘滩，丘滩体厚度和规模小，而且多见夹层。丘滩相白云岩发育规模不等的原始骨架孔洞，利于后期风化壳岩溶的改造，储层纵向厚度更大、物性更好；而滩间海相白云岩岩性致密，不利于后期岩溶改造，溶蚀孔洞尺寸小、物性差。因此，沉积相带控制了丘滩体发育，进而控制储层发育的趋势。为了提高地震反演的精度，相控建模十分必要。

相控构建低频模型的思路是：以层序地层为格架，基于测井、地质、地震信息，采用沉积相带约束来构建低频模型，包括沉积相预测和相约束下波阻抗插值这两个方面。其中相约束插值是关键，也有多种具体实现方法。李金磊等（2017）统计各微相所对应的岩性以及波阻抗范围，纵向、横向分别以层序格架和沉积微相边界为约束，用不同岩性所对应的波阻抗进行纵向、横向插值充填。肖为等（2018）提出了多信息融合相控建模，将小尺度测井数据作为主变量，将中尺度地震属性和沉积相带作为协同变量，采用同位多相协同克里金技术，对测井数据、地震属性、沉积相等进行多信息融合匹配处理，得到低频背景模型。

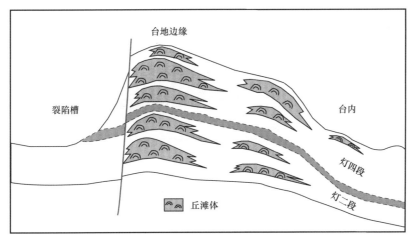

图 5-1-2　高—磨地区灯影组丘滩相发育模式图

三、叠后波阻抗反演应用（G18 井区灯影组白云岩岩溶储层预测）

G18 井区位于高石梯潜伏低幅度构造东倾末端，同属裂陷槽台缘带丘滩沉积相，主体区处于台缘—台内过渡带，在构造、沉积相、岩溶地貌及储层发育厚度等方面均处于较有利位置。研究区约 1000km²，面积较大，经地质研究和已钻井分析，该区同时包含了台缘、台内和过渡带三个相带，不同相带储层发育情况差异较大。

因此采用基于相控地震反演技术来解决该区岩溶储层的反演问题。首先，划分不同的沉积相带，并确定不同相带的平面分布及已钻井所属的相带；其次，分别对每种相带内灯四段波阻抗作一致性处理，完成沉积相约束的测井曲线归一化；以相带边界为约束，用不同相带所对应的波阻抗进行插值充填，建立沉积相约束的初始地震地质模型（低频模型）；最后，在上述基础上进行地震反演，得到具有沉积相背景的地震反演结果。

图 5-1-3 是相控反演灯四段波阻抗反演剖面，图中波阻抗层次清楚，明显可见灯影组顶部岩溶储层及部分硅质云岩的相对低波阻抗条带（黄色—红色色标），从台缘至台内方向，灯影顶部低波阻抗厚度逐渐变小、连续性变差，与整体地质规律符合良好。

图 5-1-4 是相控反演得到的灯四段上部有效储层（孔隙度大于 2%）厚度平面图，图中红色代表有效储层厚度大的区域，主要分布在西北部台缘带附近，储层厚度向西南部逐渐减小，和图 4-2-8 地震相趋势整体一致。在宏观变化趋势下，存在局部微高地貌储层相对变厚，符合该区岩溶储层的地质认识。

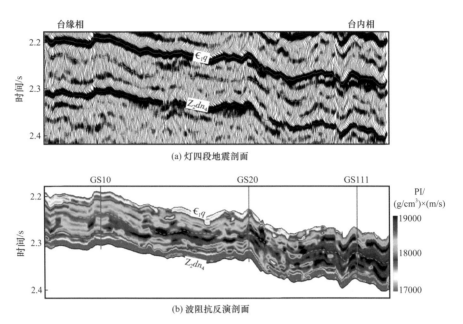

(a) 灯四段地震剖面

(b) 波阻抗反演剖面

图 5-1-3　灯四段地震和波阻抗反演剖面（平面位置如图 5-1-4 虚线所示）

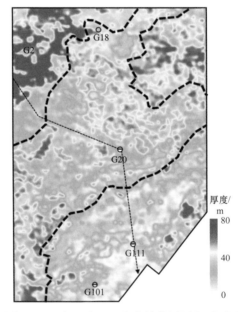

图 5-1-4　灯四段上亚段有效储层厚度预测图

第二节　地震波形指示反演

受沉积环境的影响，在许多情况下，碳酸盐岩地层中除了白云岩、石灰岩之外，还可能存在其他岩石成分，使岩溶储层岩性复杂化，此时仅依靠波阻抗难以有效区分储层。

在高—磨地区，灯影组中岩性较为复杂。依据录井及成像测井解释成果等资料分析，灯四段岩性以大套白云岩为主，但多数白云岩中不同程度地含有少量泥岩、石灰岩以及硅质，特别是硅质影响较大，在不同层段都有发育，形成互层组合。

硅质和泥质具有较低的速度和密度。其中硅质速度约 5540m/s，密度为 2.65g/cm³。随着硅质或泥质含量的增加，白云岩波阻抗下降，具有和孔隙白云岩储层相同的波阻抗，使得孔隙度—波阻抗关系变差，储层和非储层难以用波阻抗区分。图 5-2-1 为高—磨地区灯四段不同岩性波阻抗和纵横波速度比交会图，不同颜色分别代表三种不同岩性，红色代表孔隙白云岩，橙色代表硅质白云岩，蓝色代表致密白云岩。单从三种岩性的波阻抗分布范围看，致密白云岩相对较高，孔隙白云岩和硅质白云岩波阻抗都表现出低纵波阻抗，主体分布范围基本重叠。

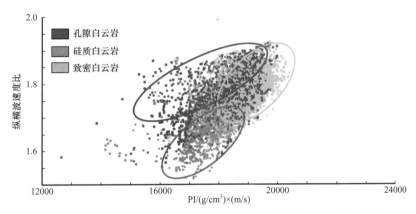

图 5-2-1　高—磨地区灯四段上亚段波阻抗和纵横波速度比交会图

针对此种地质情况，通过实际测试和应用，采用地震波形指示反演和模拟的方法实现储层的有效预测。

一、地震波形指示反演原理

地震波形是地震信号最基本、最直观的表现形式。在实际地层中，相似的沉积特征往往具有相似的岩性组合，相似的岩性组合往往具有相似的测井、地震波形特征。地震波形的横向变化反映了地震相或沉积相的变化，相似的沉积相带反映了相似的沉积构造和岩性组合，表现为测井曲线特征相似。实际数据地震波形与测井曲线分析表明，相似地震波形对应的测井曲线在较宽频带内呈现较高的相似性，地震波形和测井曲线之间具有内在的联系，因此，可以利用地震波形横向相似性驱动高频测井信息实现高分辨率反演。

波形指示反演（SMI）利用地震波形的干涉特征相似性作为指示因子，利用数据学习思想，驱动井间宽频测井曲线模拟，实现高分辨率薄层反演。首先通过奇异值分解实现井旁地震道波形动态聚类分析，建立地震波形结构与测井曲线结构的映射关系，生成不同类型波形结构（代表不同类型的地震相）的测井曲线样本集；然后通过分析不同类型波形结构对应的样本集分布，建立不同地震相类型的贝叶斯反演框架；在不同贝叶斯框架下，分别优选样本集的共性部分作为初始模型进行迭代反演；最后在反演迭代过程中，以样本集的最佳截止频率为约束条件，得到高分辨率的反演结果。

地震波形指示方法不仅可以用于反演波阻抗，还可用于指示模拟，相当于在地震波形分类的控制下实现"相控"模拟，也是一种广义上的反演。模拟的结果不限于波阻抗，也可以是表征储层特征的弹性参数和电性参数，以解决波阻抗无法区分储层和非储层、进一步预测储层参数的问题。

二、灯影组岩溶储层预测应用

高—磨地区灯影组地震反演进行储层预测存在两个问题。

1. 强反射屏蔽问题

灯影组顶部的不整合面对应地震剖面上最强的反射轴，地层两侧地层的波阻抗变化十分剧烈，表现出不连续性，如图 5-2-2（a）所示。当波阻抗变化不连续时，受到地震频带的限制，强反射界面两侧的波阻抗会发生畸变。图 5-2-2（b）和（c）为原始波阻抗曲线和低通滤波后波阻抗对比，经过 60Hz（近似地震频带）低通滤波后，灯影组顶部波阻抗曲线成为斜坡（图中蓝色箭头所指之处），数值大幅降低，出现系统性低波阻抗区域，使反演结果畸变，影响了储层预测精度。并且，灯影组顶部的强反射之下薄的岩溶储层波阻抗和非储层差异小、地震响应特征微弱，完全淹没在强同相轴反射中，基于褶积模型的地震反演（稀疏脉冲、模型约束等）难以分辨出来。

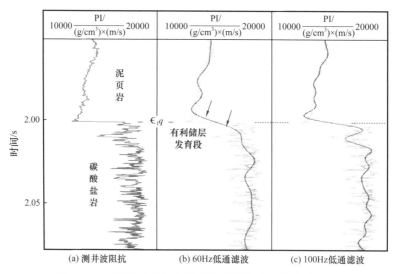

图 5-2-2　不同截止频率低通滤波测井波阻抗曲线对比

波形指示反演部分解决了强反射屏蔽影响的薄储层问题。图 5-2-3 为采用波形指示反演得到的波阻抗过井剖面，可以看出，总体上波阻抗反演剖面纵向分辨率高，细节反映比较清楚，井轨上投影的波阻抗曲线和反演结果趋势完全一致、灯影组顶部波阻抗畸变减小，基本能够反映出地层的整体横向变化特征。对比地震剖面，波阻抗变化和地震波形横向变化一致，如图 5-2-3（b）中蓝色箭头所指位置，说明地震波形指示反演波阻抗结果可靠。

2. 受硅质的影响，波阻抗不能有效区分储层

如图 5-2-3 中低波阻抗和储层发育情况不一致，灯四段的中下部低波阻抗多数是硅质层而非储层，此时应通过波形指示储层敏感曲线模拟解决。

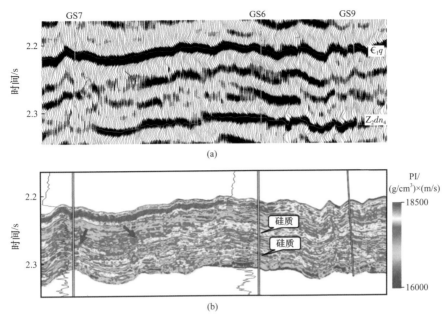

图 5-2-3　高—磨地区灯四段地震（a）和反演波阻抗（b）剖面

据灯影组储层地球物理特征分析，不仅波阻抗，其他常规测井曲线也难以区分储层和非储层。综合对比，测井解释获得的孔隙度曲线对储层和非储层区分效果最好，并且所有井经过一致性处理都能直接指示储层物性好坏，因此选择孔隙度曲线用于识别储层及其物性。在波形指示反演基础上，进一步通过地震波形指示模拟孔隙度预测储层。

图 5-2-4 为相对应的孔隙度反演剖面，主要的有利储层分布在灯四段上亚段顶面，横向联片，孔隙度反演结果有效地保持了地震原有的中频信息，和地震波组的横向变化规律基本一致，同时与实际钻井孔隙度曲线一致，实现了灯影组岩溶储层的有效预测。

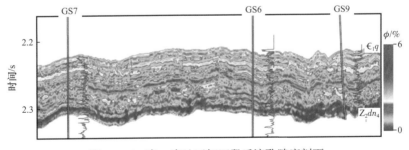

图 5-2-4　高—磨地区灯四段反演孔隙度剖面

第三节　叠前反演

在波阻抗难以区分储层和非储层的情况下，除了波形指示反演，叠前反演也是一种选择。与叠后地震数据相比，叠前地震数据包含更多反映地下地层特征的信息；在地震反演算法方面，由于考虑了入射角的影响，可同时反演得到反映地下岩石特征的弹性参数——密度、纵波速度和横波速度等信息，从理论说叠前反演能力明显优于叠后波阻抗反演对储层的反映。

叠前反演通常是采用 Zoeppritz 方程近似表达式，根据振幅随入射角变化关系，由实际地震道集记录估算岩石的弹性参数。根据反演算法的不同，可分为线性反演和非线性反演。线性反演，通常情况下都是基于 Aki-Richards 近似方程，在一定的近似条件下，运用线性方法求解各弹性参数，具有形式简单、应用方便的特点。

一、非线性叠前反演方法

从本质上讲，叠前地震反演是非线性的，由于近似和假设，线性近似方法求解降低了地震反演的精度，甚至还可能造成假象；而且对于岩性差异较大的地层，近似公式会出现较大的误差，因此，不能把 v_p/v_s 看作常量对公式进行线性近似，而是以 v_p、v_s、ρ 作为反演变量进行非线性反演。

目前解这类方程的基本思想主要是基于线性反演的改进，即采用广义线性反演方法，将求解模型参数的非线性最小二乘问题转化为求解模型参数修正量的线性最小二乘问题，通过不断地迭代修正模型参数达到最终反演全部目标函数，仍然存在密度项求取困难的问题。

魏超等（2011）提出了反向加权非线性 AVO 反演方法进行叠前弹性参数的反演。该反演过程中针对不同的反演参数，相应增加一个反向权重系数，其大小与系数项大小呈反向关系，以改善横波和密度响应敏感度，整体提高反演精度。

首先对 Aki-Richards 公式中影响 v_p、v_s、ρ 反演精度的原因进行分析。Aki-Richards 公式中，v_p、v_s、ρ 都是以相对变化量（ $\Delta v_p/v_p$、$\Delta v_s/v_s$、$\Delta\rho/\rho$ ）的形式表示，差别仅在于各相对变化量的系数存在差异。通过比较四类 AVO 模型的系数，正是这种差异直接导致反演参数误差。

针对上述分析提出了反向加权 AVO 反演方法。反演中，在保持 Aki-Richards 公式本身不做改变的情况下，针对不同参数的反演，给它增加一个反向权重系数 C_x：

$$C_x \cdot R_{PP}(i) \approx \frac{\sec^2 i}{2}\frac{\Delta v_p}{v_p} - 4\left(\frac{v_s}{v_p}\right)^2\sin^2 i\frac{\Delta v_s}{v_s} + \frac{1}{2}\left[1 - 4\left(\frac{v_s}{v_p}\right)^2\sin^2 i\right]\frac{\Delta\rho}{\rho} \qquad （5-3-1）$$

式中　C_x —— C_{v_p}、C_{v_s}、C_ρ，其大小和各参数相对变化量系数项大小呈反向关系。

$$C_x = \lambda_x \cdot \mathbf{D} / D_x, \qquad （5-3-2）$$

式中　D_x ——各参数系数项 $\dfrac{\sec^2 i}{2}$、$4\left(\dfrac{v_s}{v_p}\right)^2\sin^2 i$、$\dfrac{1}{2}\left(1 - 4\left(\dfrac{v_s}{v_p}\right)^2\sin^2 i\right)$；

$\mathbf{D} = \sum\limits_x D_x$ ——各参数系数项求和；

λ_x ——各参数调控因子，在 $0\sim1$ 之间取值。

通过这种反向加权，对各系数项进行适当均衡，也均衡了各系数项引起的反射系数的响应差异，降低了各系数不均衡导致的方程求解的奇异性，改善了横波速度和密度的响应敏感度，使得横波速度和密度的反演结果有了很大的改善，整体提高了反演的精度。

对线性反演方法和非线性反演方法模型测试对比，反向加权非线性方法反演精度有大幅度的提高。如图 5-3-1 所示，横波和密度反演相对误差有了大幅度降低。

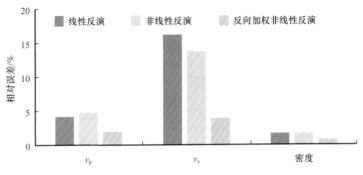

图 5-3-1 三种叠前反演方法相对误差对比图

对冀东南堡滩海深层奥陶系风化壳岩溶储层采用不同叠前反演方法进行了实际资料测试，包括目前应用广泛的确定性反演商业软件：稀疏脉冲叠前反演、基于模型反演和非线性叠前反演。三种方法采用了相同地震子波和部分叠加的地震数据。

图 5-3-2 为不同方法叠前反演剖面对比，图 5-3-2（a）为稀疏脉冲反演纵波速度和密度剖面，图 5-3-2（b）则是基于模型反演纵波速度和密度剖面，图 5-3-2（c）为非线性反演。有利岩溶储层为相对低阻抗和低密度（红色和黄色范围），井轨迹上标注的是相应实际测井速度和密度。稀疏脉冲反演纵波速度结果横向变化自然、波形稳定，相比其他两种方法信噪比最高，但纵向上分辨率在三者之中最低，反演结果和已知钻井结果符合不是很好。这是由于稀疏脉冲反演方法对地震数据依赖较大，反演结果的分辨率、信噪比以及可靠程度完全依赖地震资料的品质。通过密度剖面对比可以看出，稀疏脉冲反演密度横向上有略微的块状特征，显示出该算法对远偏移距求取密度不稳定的问题。

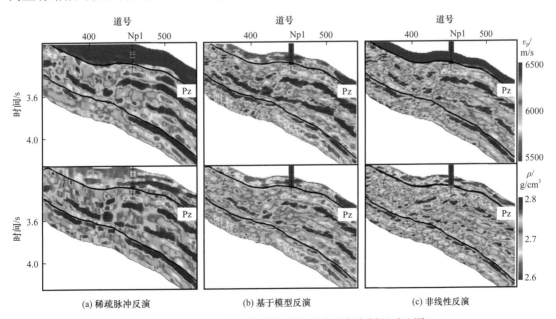

(a) 稀疏脉冲反演   (b) 基于模型反演   (c) 非线性反演

图 5-3-2 三种叠前反演方法反演速度和密度剖面对比图

基于模型反演纵波速度和密度剖面明显看出纵向分辨率有所提高，纵向上薄层细节和边界比较清楚，其风化壳附近地层中可以看到初始模型的影子，受初始模型影响大、多解性强。

非线性反演分辨率最高，主要得益于其加权算法，突出了地震道集中高频部分的能量，其密度反演结果整体空间最自然，而密度数据是碳酸盐岩岩溶储层识别的重要弹性参数。

二、叠前反演储层预测应用

南堡滩海位于黄骅坳陷北端的南堡凹陷内，沉积基底为古生界，工区内仅钻遇奥陶系马家沟组石灰岩，钻穿最大厚度为203m，至今未钻穿，预测残留厚度为50~850m。在控带基底深断裂的翘倾活动下，形成若干断块古潜山，造成古生界与上覆构造层为区域性角度不整合接触。不整合面顶部风化带厚度为60~100m，缝洞发育，储层为裂缝孔洞石灰岩。

根据研究，古潜山顶直接与古近系沙河街组生油岩接触的区域，油气可直接侧向运移进入潜山地层；古潜山顶与古近系生油岩不直接接触的地区，油气首先通过断层面垂向向上运移，后再侧向排驱进入潜山，油气在浮力和水动力的作用下向潜山的高部位运移，油气在运移过程中首先充满未充填或部分充填的构造裂缝和早期形成的溶蚀孔洞，遇到合适的圈闭条件即聚集成藏，形成南堡古潜山油藏。

在南堡滩海，孔隙度是评价储层是否有效的主要参数。孔隙度小于2%的特低孔隙碳酸盐岩储层储集性能很差，不具有工业价值，只有孔隙度大于2%的碳酸盐岩储层（低孔隙储层—高孔隙储层）为南堡潜山有效储层。南堡滩海岩溶储层包含裂缝、溶孔和基质孔隙三种类型的孔隙，与四川盆地不同的是，受多期强烈构造活动影响，南堡储层的裂缝更为发育，尤其是构造裂缝发育程度显得尤为突出，因此，裂缝构成了研究区内碳酸盐岩储层的重要渗滤通道和储集空间。通过岩心观察统计发现，裂缝发育以高角度缝为主，约占60%，其次为低角度裂缝，约为23%，倾斜缝发育最少，不足10%。

储层岩石物理和敏感参数分析，孔隙空间对速度和密度影响最为显著。裂缝对速度影响程度差异很大，少量的裂缝孔隙空间会大幅降低速度，使得储层的物性参数孔隙度和速度、波阻抗相关性不好，仅采用波阻抗难以识别和定量预测储层。

为此建立了不同孔隙度、不同孔隙类型的岩石物理量版，来分析储层的弹性响应及敏感参数。图5-3-3为纵波速度—密度图版，图中绘出纯石灰岩纵波速度—密度随孔隙度、不同类型孔隙比例的变化规律。由图可见，随着孔隙度增大，速度和密度均会有所下降；在相同孔隙条件下，裂缝比例的增加会引起纵波速度的大幅下降，而密度保持不变；同样，溶蚀孔隙比例的增加主要引起速度的减小，而密度不发生变化；在相同孔隙比例条件下，孔隙度的增加既引起速度的降低，又引起密度的降低。因此，实际碳酸盐岩速度变化主要是由于孔隙度、孔隙类型变化综合作用的结果，其中裂缝比例对速度影响很大、密度对孔隙类型不敏感，因此，采用密度能够更好实现储层物性的表征。

基于以上认识，同时综合考虑反演方法、算法稳定性，采用非线性反演方法以改善密度的反演精度。在南堡滩海，经过后验井和反演结果对比检验，非线性反演方法很好地实现了碳酸盐岩储层的预测。

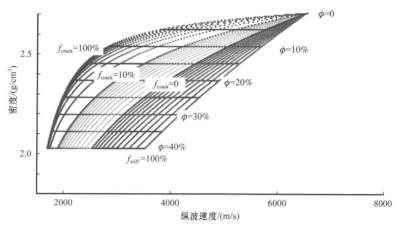

图 5-3-3　南堡奥陶系石灰岩纵波速度—密度图版

图 5-3-4 为南堡联井任意线叠前反演剖面，图 5-3-4（a）为反演纵波速度，沿井轨迹显示出实测测井纵波速度。图 5-3-4（b）为反演密度，沿井轨迹显示出实测测井密度曲线（由于测井和地震分辨率差别太大无法进行对比，因此对测井曲线进行了 60Hz 的低通滤波）。反演过程中，所用的低频模型在潜山地层都是一个常数，因此可以说没有用测

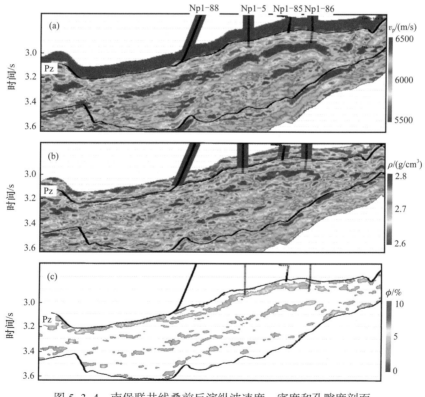

图 5-3-4　南堡联井线叠前反演纵波速度、密度和孔隙度剖面
（a）反演纵波速度；（b）反演密度；（c）储层孔隙度

井资料进行约束，每口井都可以充当后验井。对比测井和反演结果，物性较好的碳酸盐岩储层在反演体上表现为低纵波速度和低密度的特征，和测井解释结果趋势和厚层符合较好。图 5-3-4（c）是根据南堡碳酸盐岩储层岩石物理模板和密度计算得到储层孔隙度，以大于 2% 的门槛值为截至值，剔除非储层和无效储层，完成有效储层的三维雕刻。在研究区深层构造复杂、地震资料品质不高的情况下，统计 14 口主要钻遇潜山岩溶储层的井，其测井结果和地震反演预测结果整体趋势符合的共有 9 口，整体预测符合率为 64%，取得了好的地质效果。

第六章　岩溶储层裂缝预测与表征

第一节　裂缝地震预测技术

裂缝指岩石受到构造变形发生破裂作用或物理成岩作用形成的不产生易见位移的面状非连续体。在碳酸盐岩油藏中，裂缝占据着非常重要的作用，既是油气的渗流通道，也是有效储集空间。早期裂缝还对洞穴、孔洞型储层的发育起到控制作用。尤其对于中国缺乏基质孔隙的碳酸盐岩储层研究而言，裂缝更是沟通孔洞、提高产能的主要因素。因此，针对裂缝发育程度的地震预测技术研究，成为人们长期关注的重点。

一、裂缝分类和地震预测方法

裂缝形态多样、尺度规模不一，分布范围很大。不同尺度的裂缝所呈现的地震响应不尽相同，受地震资料分辨率限制，地震对不同尺度裂缝描述的程度和能力也有所不同。在预测裂缝空间分布特征、研究裂缝储层岩石物理参数之前，需要对裂缝进行分类与描述，这是裂缝预测的基础。表 6-1-1 为根据裂缝延伸长度、切层深度以及张开度等参数对裂缝进行的分类。

表 6-1-1　裂缝分级表（据童亨茂，2004）

级别	鉴别标志	延伸长度 /m	间距 /m
大裂缝	切穿多个力学层	10～100	1～30
中裂缝	切穿一个力学层	1～10	0.1～1.0
小裂缝	在力学层内发育	0.1～1.0	0～0.1
微裂缝	在未遭受溶蚀条件下难以分辨	0～0.1	

相应的，不同类别裂缝具有不同的地震预测方法和技术。

1. 大裂缝预测方法

大裂缝通常指构造断裂，纵向延伸长度大于常规地震数据分辨率，即大于 $\lambda/4$（λ 为波长），裂缝近似于反射界面，会产生较为明显的反射波场，地震轴明显有错断，通常在地震剖面上可以直接解释及识别，也可以使用构造应力场分析进行裂缝预测。

2. 中裂缝预测方法

中裂缝通常指次级断裂、小断层。地层中发育裂缝时会造成岩石物理特征横向差异，从而产生相应的地震响应不连续性，包括振幅、频率以及波场等信息的变化，并通过不同的地震属性表现出来。因此，一般可以使用地震叠后属性进行中尺度裂缝预测，实际应用较为广泛的地震属性是叠后几何属性，比如相干体、边缘检测、曲率和蚂蚁体等。

3. 小裂缝预测方法

小裂缝通常指岩石破裂面，一般可以利用叠前地震数据的各向异性特征进行预测。根据动力学理论的研究，地震波在通过裂缝发育带时会产生各向异性，包括振幅随方位角的变化（AVAZ）、旅行时随方位角的变化（TVAZ）、视速度随方位角的变化（VVAZ）等，对这些属性变化进行监测进而用来预测裂缝（特别是高角度、高密度裂缝）的发育方位和发育密度。

4. 微裂缝预测方法

微裂缝已远远超过当前地震资料的极限分辨率，地震无法直接预测。相对于地震勘探而言，测井纵向分辨率上具有更大优势，可实现部分微尺度裂缝的识别，如常规测井曲线（声波时差曲线、双侧向曲线、密度曲线和地层倾角曲线等）识别裂缝。

由于资料品质的限制，地震叠后属性的横向分辨率往往较低，需要改进相应的处理技术以提高分辨率；叠前各向异性进行裂缝方向预测时具有多解性，在反演过程中可以考虑利用旅行时、振幅和衰减综合反演，以改善反演精度。总的来看，裂缝的分布具有复杂性和非均质性等特点，采用单一方法进行预测难以取得良好的效果，因此多方法、多领域的结合是发展的必然趋势。

二、灯影组裂缝特征

自灯影组沉积后，四川盆地先后经历了多期构造运动强烈改造，导致裂缝比较发育。周正等（2014）通过典型井 GS2 井、磨溪 9 井和 GS1 井三口井岩心分析认为，裂缝在灯影组中普遍存在，主要为构造缝和岩溶缝，发育程度总体较高。其中，构造缝断面一般比较平直，多以高角度缝出现（与层面交角大于 70°）、充填程度弱，如褐灰色白云岩，立缝（高角度缝）未充填缝［图 6-1-1（a）］和褐灰色白云岩，高角度斜交缝，未充填缝［图 6-1-1（b）］。岩溶缝一般经过地下水的溶蚀，缝壁不平直且呈港湾状，甚至有溶孔串接，但溶缝普遍被沥青或白云石半充填，压溶缝内普遍充填泥质和沥青，以平缝和低角度缝为主，如灰色白云岩，水平缝（低角度缝），全充填沥青［图 6-1-1（c）］。

对灯影组裂缝形成具有直接影响的构造运动主要为桐湾运动、加里东运动、印支运动、燕山运动和喜马拉雅运动（王兴志，2000）。多期构造运动造成灯影组构造裂缝走向和倾向比较复杂、规律不清楚。结合成像测井裂缝分析，大致得出主要走向为北西—南东，主要倾向北东和南东方向。

构造裂缝和断层都是由局部构造应力作用形成，二者通常具有相同的空间规律，只是规模和尺度有所差异，并且有效构造缝主要以新生代以来喜马拉雅期构造缝为主，因此，采用与现今构造相关的如相干、地应力、曲率、断层等信息来预测裂缝。

三、应力场模拟裂缝预测

1. 应力场模拟基本原理

构造裂缝是主要的裂缝表现形式，而地应力是形成地下岩石中裂缝的主要因素，构造裂缝是大地静力场叠加构造应力场形成的古地应力场作用下的产物。当岩石处于拉伸状态时，表现出比压缩时更明显、更强烈的脆性特征：峰值强度以前，应力—应变呈良好的直线关系，经过峰值强度以后，强度迅速降至零，断裂破坏瞬间完成，不出现前兆微裂缝；而岩石处于压缩应力状态时，峰值强度以前，一般都要经历微裂隙压密、弹性变形、屈服等阶段，曲线是非线性的，且出现前兆微裂缝，经过峰值强度以后，一般存在着较明显的残余强度，从起始加载荷至峰值强度总应变量也比拉伸状态时大得多。因此，可以从裂缝形成的构造物理成因角度研究裂缝的分布。

(a) GS20井，5242.28～5242.42m，灯影组，褐灰色白云岩，立缝（高角度缝）未充填缝　　(b) GS20井，5241.97～5242.12m，灯影组，褐灰色白云岩，高角度斜交缝，未充填缝　　(c) GS20井，5200.53～5200.56m，灯影组，灰色白云岩，水平缝（低角度缝），全充填沥青

图 6-1-1　GS20 井灯影组岩心裂缝特征

如果储层构造形态较简单，经受的构造运动相对较弱，就可以通过应力场模拟的方法预测储层裂缝参数。构造应力场模拟法就是利用有限元或有限差分方法，反演地质体形成时的构造应力场，根据反演得到的构造应力，并结合岩石破裂理论，判断地质体的破裂程度，间接地定量模拟地层中的裂缝分布规律，并预测裂缝发育带。通过应力场模拟给出构造裂缝发育的方向，并对密集程度作定性的判断。

对于构造应力场，目前主要采用基于经典弹性薄板理论的数值模拟技术。它针对背斜等张裂缝的储层构造，从构造力学出发，利用地层的几何信息（构造面）、岩性信息（速度、密度）估算出地层的应力场，包括地层面的曲率张量、变形张量和应力场张量，从而得到主曲率、主应变和主应力。

基于弹性薄板理论的构造应力场模拟技术，考虑了储层岩石的厚度、岩性，并且考虑了储层受构造控制的裂缝分布等因素。从地层构造曲率计算岩体变形从而得到主应变强度，利用由地震反演或测井得到的岩层弹性参数和密度，根据薄板理论的广义胡克定律计算主应力的大小和方向，然后进一步对储层裂缝的发育程度及展布关系等进行分析。其主要技术流程如图 6-1-2 所示。

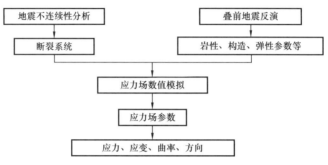

图 6-1-2　构造应力场模拟技术流程图

2. 方法应用

图 6-1-3 为高—磨地区某块三维应力场预测结果。图中黄色—红色区域指示张应力强度大，预测为构造裂缝相对发育区域；深绿色—青色区域指示挤压应力大，裂缝相对不发育。图中箭头表示应力方向，当箭头位于张应力发育区域时，预测裂缝方向和应力方向（箭头方向）垂直；当箭头位于挤压应力发育区域时，预测裂缝方向和应力方向（箭头方向）平行。

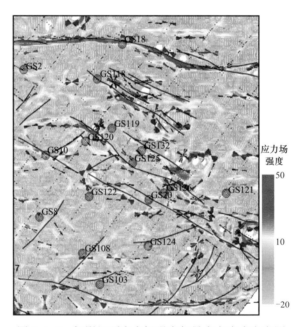

图 6-1-3　灯影组顶应力场强度与最大主应力方向图

预测结果较好地反映出裂缝整体发育情况。靠近断层和陡褶皱区，地应力非均质性较强，大中尺度构造缝比较发育；远离断层和陡褶皱的地层平缓区，地应力非均质性较低，小裂缝较发育，易形成缝网。平面上最大水平主应力以北西方向为主，与附近主断层走向基本一致；实际井点预测最大主应力方向与单井成像测井解释也符合良好，如图 6-1-4 GS20 测井解释裂缝方向北西向，应力预测裂缝主方向为 315°，方向符合一致。

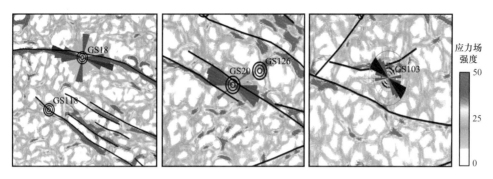

图 6-1-4　GS18 井、GS20 井、GS103 井最大主应力方向预测图

由于高—磨裂缝以高角度构造裂缝为主，应力场模拟从裂缝成因入手，对裂缝发育和方位具有较好的预测能力，可以作为勘探应用中的有效参考。基于薄板理论的应力场模拟技术只能给出现今构造情况下应力模拟结果，虽然理论上精度相对较低，但实际资料的应用对比分析，该技术具有简单、可靠的优点。

应力场模拟能从区域上宏观预测应力发育区域，间接指示潜在裂缝发育带，但同时具有横向分辨率相对较低，难以对裂缝开度和密度进行预测的不足。因此，还需要联合其他裂缝预测结果进行综合分析提高裂缝预测精度。

四、地震不连续性属性预测裂缝

由于裂缝形态的特殊性，应力模拟分析更适用于推断裂缝发育区的概貌，而较为精细的裂缝地震属性主要围绕与断层和大尺度裂缝有关的地震反射波形不连续性来开展。

地震波在横向均匀的地层中传播，各相邻道的激发和接收条件十分相似，反射波传播路径与穿过地层的差别小，故对反射波而言，同一反射层的反射波接近，表现在地震剖面上是极性相同，振幅、相位一致。当地下介质均匀、连续时，来自该界面的地震反射波在相邻地震道上具有相似的振幅、相位、频率等波形特征；而当地下存在断层、裂缝、岩性突变、特殊地质体（如河道、礁体和尖灭等）时，就会造成来自该处的地震反射波在横向上的波形、振幅、相位、频率、时间等各个方面的不均匀，与来自界面连续处的地震波具有不同的地震反射特征，形成地震道与道之间的非连续性，甚至导致局部道之间地震波形的突变。

由于裂缝会较大程度改变储层的弹性特征，产生地层横向上的非均质性能引起地震信息的不规则变化，增强地震波形的非连续性。因此，地震不连续性属性分析技术是预测裂缝型储层发育区的有效手段之一。

1. 断层和裂缝模型正演

地震不连续性属性多种多样，主要包括相干、对称性和曲率属性等，这些几何属性可以从不同方面表征地震轴的不连续和几何形态，且相互关联又有一定的互补性。为了有效分析断层和裂缝的地震响应特征，通过地震正演模拟来研究其地震波场响应特征，以筛选出对裂缝带敏感的地震属性参数。

主要针对不同构造形变特征（扭曲、褶皱、断层）进行波动方程正演模拟，研究与裂缝有关的地震几何属性技术（相干、对称性、不同尺度曲率等）对不同类型、不同弯曲程度构造的预测能力，指导不同尺度裂缝的分级及半定量化预测。

根据高—磨地区灯影组纵向分布特征及主要过井剖面的构造特征，设计了两种类型地质剖面，在其基础上计算高精度几何属性并进行优选。图 6-1-5、图 6-1-6 为正演地质剖面及在其正演结果基础上计算的相干和曲率属性剖面。

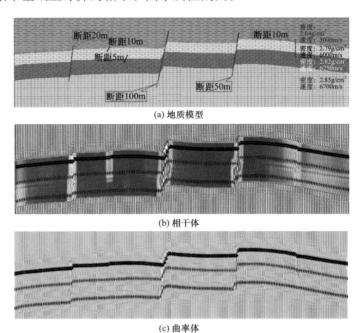

图 6-1-5　不同断距断层模型及地震属性剖面

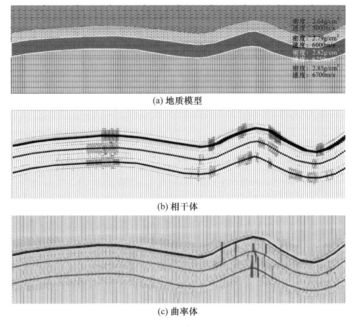

图 6-1-6　扭曲、褶皱模型及地震属性剖面

对于断层，相干和曲率都能实现较好的识别。随着断距增大，二者异常都变得更加明显。相干属性表征地震同相轴出现错断的大断层较明显，但在断层位置响应宽度较大，横向分辨率较低；曲率响应整体断层效果较好，当断距大于10m，曲率属性有较好的识别能力，横向分辨率高。

对于较为陡立、宽缓的构造褶皱，相干属性识别的能力进一步降低；曲率属性可以清楚明确地揭示随着褶皱变得宽缓，曲率异常有逐渐变弱的趋势，对于大范围的宽缓褶皱识别程度较低。

对比正演模拟结果可知，曲率属性相比相干体识别断裂的分辨率更高，可更好表征小断层，并且可以比较好地揭示褶皱、扭曲，从而指示出褶皱相关的裂缝。

2. 相干体裂缝预测

相干体技术通过分析地震波形的相似性对三维数据体的不连续性进行成像，其基本原理是在偏移后的三维数据体中，对每一道、每一样点求取与其周围数据（纵向和横向上）的相干值，即计算时窗内的数据相干性，把这一结果赋予时窗中心样点，进而得到反映地震道相干性的三维相干数据体。

不同的相干算法和参数对断层具有不同的识别能力，针对小断层和断裂识别的需求，在地震资料信噪比和分辨率许可的情况下，采用构造导向约束、更高分辨率的相干算法，实现更小断距断层的识别。

通过自动扫描分析地震数据的波形、振幅等信息，得到一个表征地震数据方位信息的构造导向体 Horizon Orientation Volume。再应用沿层边缘检测（Horizon Edge-Stack）算法对断层产生的不连续性特征进行成像时加入构造导向体，使计算时算子的扫描方向沿着地层的展布方向，避免了传统的相干属性算法水平方向扫描计算或者只能定义单一的地层倾角的缺陷。图 6-1-7 为构造导向体约束的相干剖面，断裂检测分辨率高，延展性好，断裂更有规律性，效果好。

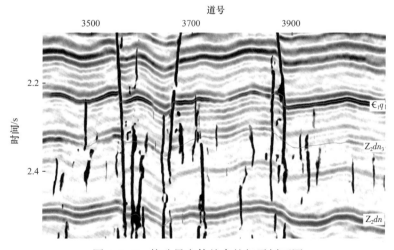

图 6-1-7　构造导向体约束的相干剖面图

图 6-1-8 为灯影组顶部沿层相干切片对比，白色高相干为均匀稳定的地层反映，灰色—黑色线状或条带状极低值相干为各级断层的反映，黑色斑点状为可能的岩溶或裂缝发育区。构造导向体约束的相干属性切片小断层信息更加丰富和清晰，具有更强的断层和裂缝识别能力。除了明显的断层外，还出现许多平面延伸距离小、纵向连续性差、空间变化大、无法有效组合的不连续异常，难以进行断层解释。排除地震资料本身信噪比的问题，这些非连续性异常边界更倾向于为低级序小断层和裂缝。也就是说切片上相干异常，并呈现短线段特征的区域为潜在裂缝发育区。

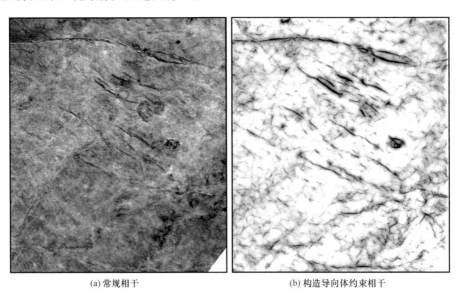

(a) 常规相干　　　　　　　　　　　　(b) 构造导向体约束相干

图 6-1-8　相干体沿层（灯影组顶部）切片图

相干体进行断裂解释及裂缝预测已经非常普遍，但对裂缝预测成功的并不多，其主要原因在于单纯的相干数据体仅能检测出诸如断层等较大的剧变点，无法描述地下岩层的小裂缝和微裂缝结构。即便如此，断裂和断层虽然尺度有所不同，但二者却具有相同的地质成因，也应具有相同的延伸方向、组合特征及分布规律，因此，通过相干体进行断裂解释，仍然有可能间接指导裂缝相对发育带。

3. 曲率裂缝预测

曲率是基于裂缝的生成机理而形成的一种用于刻画裂缝分布情况的数学方法，是继相干属性之后，又一用于断层识别的强有力手段。

曲率是用来表征曲线上某一点变形弯曲程度的二维属性参数，定义为某一点处正切曲线形成的圆周半径的倒数，变形弯曲越厉害，曲率值就会越大，而对于直线，无论是水平或倾斜，其曲率都是零。在数学上，可表示为曲线上某点的角度与弧长变化率的比值，也可以表示为该点的二阶微分。

从裂缝地质成因上分析，在一个构造变形带中，褶皱、断层、裂缝是统一应力场作用下的产物，构造曲率是构造应力场作用的结果，构造应力高低能够反映地层的应变大小，一般来讲，构造应力越大，就会导致地层弯曲越大，其曲率值高，破裂作用也应增加。根据构造最终变形结果，从构造形态分析断裂分布特征，能实现现今构造裂缝预测。从数学的观点来看，裂缝分布主要由构造面的主曲率来反映。通俗地说，曲面的构造主曲率越大，曲面就越弯曲，就越容易有裂缝，曲率在一定程度上控制了裂缝发育的密度、方向、宽度和深度。

目前二维层位曲率已推广到三维数据体曲率。计算体曲率时，通过选择一个移动的子数据体，利用地震数据本身的方位信息进行扫描计算三维地震体每一点上的曲率。由于断裂在地震上不仅是构造形态上的异常，振幅大小也有明显的变化，将地震数据振幅变化参与到计算过程中来，理论上能得到更高精度的曲率。与其他属性相比，体曲率能够反映地震分辨率无法分辨的精细断层和微小的裂缝特征，并且体曲率不需要预先解释层位，避免了解释偏差和偶然误差。

曲率属性识别中裂缝（小断层）效果较好。曲率属性剖面上小断层、波形有所变化的位置，曲率异常响应更为明显，表征为窄竖条高曲率响应；平面上，除构造解释落实的大断层外，曲率属性对小断层、扭曲带刻画的也较为清晰，中裂缝（小断层）多围绕大断层周围，横向上具有一定延伸。

图 6-1-9 为灯影组曲率属性平面图，图中红色显示构造变化大或尤为突出的地带，即对应含油气的开启性裂缝发育密度大的区域，相对相干切片曲率分辨率有所提高。

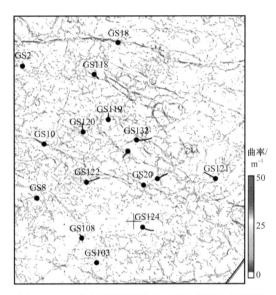

图 6-1-9　曲率属性沿层（灯影组顶部）切片图

4. 蚂蚁追踪裂缝预测

蚂蚁追踪技术是基于蚂蚁算法的原理，由斯伦贝谢公司在 Petrel 软件中推出的一种断裂自动分析和识别的技术。其基本原理是：在地震数据体中散播大量的"蚂蚁"，在地震属性体中发现满足预设断裂条件的断裂痕迹的"蚂蚁"将释放某种"信号"，召集其他区域的"蚂蚁"集中在该断裂处对其进行追踪，直到完成该断裂的追踪和识别。而其他不满足断裂条件的断裂痕迹，将不再进行标注，最终将获得一个低噪声、具有清晰断裂痕迹的蚂蚁属性体。

通过调整参数设置，蚂蚁追踪技术既可以清晰识别区域上的大断裂，又可以定性地描述地层中发育的小断层及裂缝，以满足勘探、开发不同研究阶段的要求，有效提高了断层解释的精度和细节，比人工解释结果更加清晰、准确，尤其是对于低级序断层的识别和描述是一种非常好的方法。

5. 最大似然属性

最大似然法技术（Likelihood）是第四代非连续性属性分析技术，对原始地震数据沿着一组走向和倾角计算每一点最低的相似度，在剖面上更加接近人工解释的断裂更加接近断裂的原貌，理论上检测到的断裂比诸如蚂蚁体、相干体等第三代属性连续性强，对小断层及裂缝有很好的识别能力。

图 6-1-10 为高—磨地区某块三维灯影组最大似然属性剖面。直观上看，裂缝分辨率更高，检测出小尺度断层和裂缝数量更多，剖面上看产状倾角大，近似直立，符合研究区近直立走滑断层的地质特点，在地震反射轴错断和变形的区域断裂在最大似然法分析技术结果上均有体现。

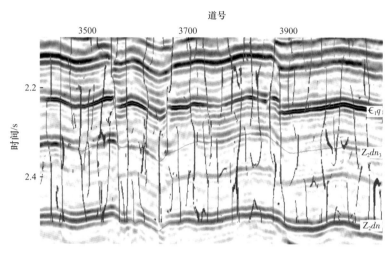

图 6-1-10　最大似然属性剖面图

平面上看（图 6-1-11），小尺度裂缝发育规模不大，延伸距离有限，围绕大、小断层略有发育，小尺度裂缝发育方向主要有北西和北东两种方向，其中以北西向居多，与成像测井裂缝解释的结果认识基本一致。

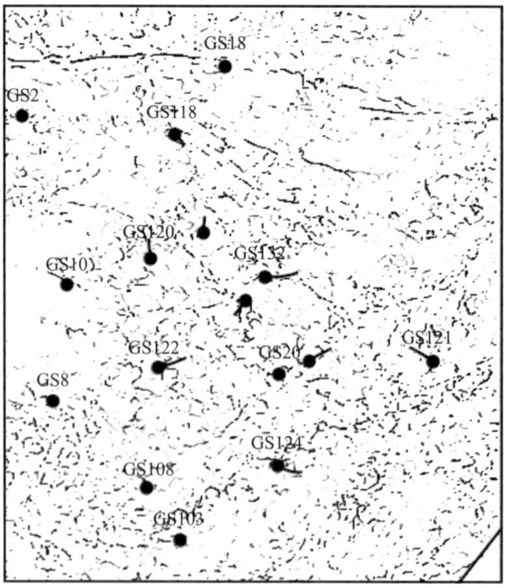

综上，针对大尺度的断层，一般相干体会有较好的反映；针对中尺度的断层和裂缝，曲率和蚂蚁体反映效果较好；针对小尺度裂缝，Likelihood 的效果最为清楚。总体上，最大似然分辨率最高，可作为相干、曲率的进一步补充。

五、纵波方位各向异性裂缝预测

根据地震勘探理论，裂隙的存在导致介质物理性质随着观测方位的不同而发生变化，引起地震波传播特征的变化，称为方位各向异性。纵波方位各向异性地震属性包括但不限于地震波速度、旅行时、振幅、AVO 梯度以及衰减等。使得可以利用宽方位（或多方位）地震资料实现半定量裂缝检测（包括裂缝的走向

图 6-1-11　灯四段最大似然属性平面图

和密度）。纵波方位各向异性裂缝检测方法主要包括基于速度（旅行时）、振幅、弹性阻抗和衰减各向异性等反演方法，目前以旅行时和振幅各向异性反演方法为主。

1. 五维内插与全方位道集优化

叠前纵波方位各向异性裂缝预测技术的基础是分方位道集完整性与保幅性。完整性指分方位道集在不同方位上的覆盖次数，与地震采集的纵横比、炮线与检波线的均匀性、面元覆盖次数、最大偏移距等因素密切相关；保幅性指方位道集在不同方位上的反射振幅强弱相对关系的正确性，与整个道集处理流程密切相关。现阶段地震资料的纵横比多数情况可以满足开展方位各向异性裂缝预测的需求，但面元覆盖次数往往比较低。例如，高—磨地区为 64 次覆盖［图 6-1-12（a）］，如果平均分配到六个方位角上，每个方位仅有 10 次覆盖，这 10 次覆盖的小入射角道集对于方位各向异性裂缝预测是不够的，因此开展五维地震数据插值是方位道集优化处理的一个重要环节。

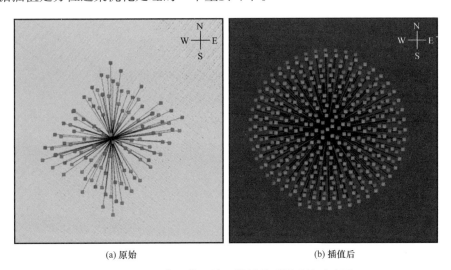

(a) 原始　　　　　　　　　　　(b) 插值后

图 6-1-12　高石梯三维五维插值观测系统对比图

目前，大多数地震数据插值算法还仅局限于三维插值，但野外采集的地震数据本质上是五维坐标的函数，两维用于确定炮点空间位置，两维用于确定检波点空间位置，还有一维用于确定采样点时间，发展五维插值算法可以更充分地利用采集的地震数据，进而获得更好的插值结果。与三维插值算法相比，五维插值算法面临的首要难题就是巨大的数据量和计算量。Trad（2009）将三维最小加权范数插值算法推广至五维，算法实现时，所有的矩阵与向量乘积运算都可以利用快速傅里叶变换（FFT）完成，因而保证了计算效率，但算法要求地震数据的空间采样是规则的，无法用于不规则采集地震数据，具有很大的局限性。Jin（2010）基于不规则空间采样假设，提出了基于衰减最小范数傅里叶反演的五维地震数据插值算法，算法采用不等间隔快速傅里叶变换（NFFT）实现频繁的矩阵与向量乘积运算，在一定程度上改善了计算效率，但由于高维数据 NFFT 的计算效率远不及 FFT，并且 NFFT 本身是一种近似算法，这种方法在计算效率方面仍有待改善。

为此，杨昊（2017）基于傅里叶反演技术，对传统五维插值目标函数进行改进，在频率空间域中利用带有空间平滑算子的插值目标函数对地震数据体进行插值处理，在不明显增加计算量的情况下解决了假频问题。其主要技术原理如下。

（1）将待插值数据变换到频率域，获取多个频率域空间域的单频地震数据体，以便后续可以在频率域空间域中对上述地震数据体进行插值处理。这样，相对于现有的在频率波数域中对地震数据体进行插值的方法，实施的速率更高，处理过程的耗时更短。

（2）通过共轭梯度算法，分别求解对应频率的带有空间平滑算子的插值目标函数，得到对应插值后的频率波数域的单频地震数据体。

针对在频率域空间域进行插值处理时产生假频的问题，为避免引入额外的处理步骤，降低实施速度，在插值目标函数中引入空间平滑算子对数据曲线平滑，以消除假频干扰。带有空间平滑算子的插值目标函数为

$$\text{Min}_m \|d - Gm\|^2 + \lambda_w \|m\|_w^2 + \lambda_s \|m\|_s^2 \qquad (6\text{-}1\text{-}1)$$

其中，

$$\|m\|_s^2 = \sum_\eta m^H \left(D_\eta F^{-1}\right)^H D_\eta F^{-1} m$$

式中　d——频率域空间域的单频地震数据体的向量形式；

　　　m——插值后的频率波数域的单频地震数据体的向量形式；

　　　G——空间坐标的不等间隔的逆傅里叶变换矩阵；

　　　λ——权重因子；

　　　$\|m\|_w^2$——权值模算子；

　　　$\|m\|_s^2$——空间平滑算子；

　　　D_η——空间差分矩阵；

　　　H——矩阵的共轭转置；

　　　η——空间维度；

　　　F^{-1}——空间坐标的反傅里叶变换。

（3）将插值后规则网格的频率波数域的单频地震数据体变换回时空域，获取插值后的时间空间域的地震数据体。

图 6-1-12（b）为插值后观测系统，五维插值后覆盖次数为 200 次，并且覆盖次数非常均匀，补充了方位角维数数据缺失的不足，将 CMP 道集转变成规则的偏移距和方位角道集观测系统。

图 6-1-13 为某五维插值前后 CMP 道集，在保证地震资料纵向分辨率的基础上，五维插值道集的信噪比得到了明显改善，且在远偏移距可见微弱的方位各向异性响应。

五维插值对各向异性属性影响十分大，图 6-1-14（a）为原始 CMP 地震道集提取的 AVAZ 裂缝预测平面图，由于覆盖次数少，图上出现明显的采集脚印，结果异常；五维插值后道集裂缝预测的结果得到了明显改善，消除了采集脚印的影响，更能反映裂缝发育的趋势特征。

2. 基于联合反演的裂缝预测方法

叠前地震反演本身是一个病态反问题，当引入各向异性参数后，反演病态问题更加严重，其主要表现在：（1）引入各向异性参数后，待反演参数相对于方程数量大大增加，使

得反演方程欠定性更加严重，造成反演多解性问题更加严重；（2）地震数据对各向异性参数响应微弱，导致各向异性参数反演效果不理想；（3）各向异性参数反演所用的近似公式近似程度增加，会导致反演中因近似公式误差增加带来额外的影响；（4）通常各向异性参数初始模型构建需要采用测井数据插值获取，但是各向异性参数测井数据较少，导致初始模型构建困难，进一步加剧了各向异性参数反演的挑战性。

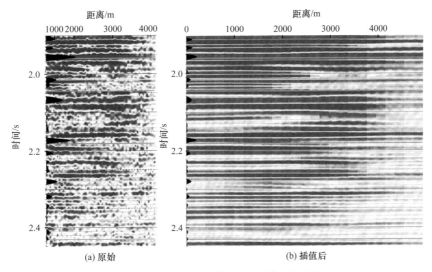

(a) 原始　　　　　　　　　　　　(b) 插值后

图 6-1-13　五维插值 CMP 道集对比图

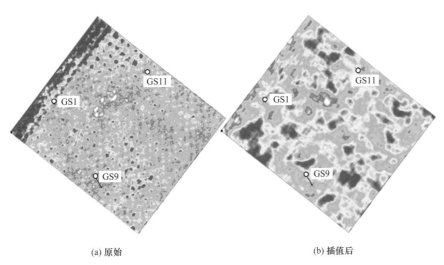

(a) 原始　　　　　　　　　　　　(b) 插值后

图 6-1-14　五维插值灯四段上亚段 AVAZ 裂缝预测对比图

针对以上各向异性反演的问题，考虑同时综合多个各向异性信息，将旅行时各向异性和振幅各向异性联合进行各向异性参数反演，以提高算法稳定性和反演结果的可靠性。

1）叠前分方位振幅反演算法改进

针对叠后振幅各向异性反演方法不能对不同入射角的分方位叠前道集进行反演，以及预测精度不高的问题，对 Ruger 近似公式进行线性化处理，以适应多方位多入射角情况，实现基于叠前分方位 AVAZ 反演（周晓越等，2019）。

结合最小二乘法对裂缝密度和走向进行统计，最终可以将叠前分方位的数据转变成叠后分方位数据，其推导过程如下：

$$R_P\left(i,\phi\right)=\frac{1}{2}\frac{\Delta z}{\bar{z}}+\frac{1}{2}\left\{\frac{\Delta\alpha}{\bar{\alpha}}-\left(\frac{2\bar{\beta}}{\bar{\alpha}}\right)^2\frac{\Delta G}{\bar{G}}+\left[\Delta\delta^{(V)}+2\left(\frac{2\bar{\beta}}{\bar{\alpha}}\right)^2\Delta\gamma\right]\cos^2\left(\phi-\phi^{\text{sym}}\right)\right\}\sin^2 i$$

$$=A+B^{\text{iso}}\sin^2 i+B^{\text{ani}}\sin^2 i\cos^2\left(\phi-\phi^{\text{sym}}\right)$$

$$=A+B^{\text{iso}}\sin^2 i\left(\cos^2\phi+\sin^2\phi\right)+B^{\text{ani}}\sin^2 i\left(\cos\phi\cos\phi^{\text{sym}}+\sin\phi\sin\phi^{\text{sym}}\right)^2$$

$$=A+B^{\text{iso}}\sin^2 i\left(\cos^2\phi+\sin^2\phi\right)+B^{\text{ani}}\sin^2 i\left(\cos^2\phi\cos^2\phi^{\text{sym}}+\sin^2\phi\sin^2\phi^{\text{sym}}\right. \quad\text{（6-1-2）}$$

$$\left.+2\sin\phi\cos\phi\sin\phi^{\text{sym}}\cos\phi^{\text{sym}}\right)$$

$$=A+\left(B^{\text{iso}}+B^{\text{ani}}\cos^2\phi^{\text{sym}}\right)\sin^2 i\cos^2\phi+\left(B^{\text{iso}}+B^{\text{ani}}\sin^2\phi^{\text{sym}}\right)+\sin^2 i\sin^2\phi$$

$$+B^{\text{ani}}\sin^2 i\sin\phi\cos\phi\sin 2\phi^{\text{sym}}$$

$$=A+A_1\sin^2 i\cos^2\phi+A_2\sin^2 i\sin^2\phi+A_3\sin^2 i\sin\phi\cos\phi$$

其中，$B^{\text{iso}}=\frac{1}{2}\left[\frac{\Delta\alpha}{\bar{\alpha}}-\left(\frac{2\bar{\beta}}{\bar{\alpha}}\right)^2\frac{\Delta G}{\bar{G}}\right]$；

$$B^{\text{ani}}=\frac{1}{2}\left[\Delta\delta^{(V)}+2\left(\frac{2\bar{\beta}}{\bar{\alpha}}\right)^2\Delta\gamma^{(v)}\right]$$；

$$A_1=B^{\text{iso}}+B^{\text{ani}}\cos^2\phi^{\text{sym}}$$；

$$A_2=B^{\text{iso}}+B^{\text{ani}}\sin^2\phi^{\text{sym}}$$；

$$A_3=B^{\text{ani}}\sin 2\phi^{\text{sym}}$$。

式中 i、ϕ ——入射角和方位角；

α、β ——纵波和横波速度；

Z ——纵波波阻抗；

G ——横波剪切模量；

ε、δ、γ —— HTI 介质中 Thomsen 参数；

ΔG ——地层上下界面的参数之差；

$\bar{G}$ ——地层上下界面参数之均值；

A ——常数；

B^{iso} ——各向同性梯度项；

B^{ani} ——各向异性梯度项。

将上述线性化公式记为如下形式：

$$\begin{pmatrix}R\left(i_1,\phi_1\right)\\R\left(i_2,\phi_2\right)\\\vdots\\R\left(i_N,\phi_N\right)\end{pmatrix}=\begin{pmatrix}1 & \sin^2 i_1\cos^2\phi_1 & \sin^2 i_1\sin^2\phi_1 & \sin\phi_1\cos\phi_1\sin^2 i_1\\1 & \sin^2 i_2\cos^2\phi_2 & \sin^2 i_2\sin^2\phi_2 & \sin\phi_2\cos\phi_2\sin^2 i_2\\\vdots & \vdots & \vdots & \vdots\\1 & \sin^2 i_N\cos^2\phi_N & \sin^2 i_N\sin^2\phi_N & \sin\phi_N\cos\phi_N\sin^2 i_N\end{pmatrix}\begin{pmatrix}A\\A_1\\A_2\\A_3\end{pmatrix} \quad\text{（6-1-3）}$$

可得:

$$A_1 - A_2 = B^{ani} \cos\left(2\phi^{sym}\right)$$

$$A_3 = B^{ani} \sin\left(2\phi^{sym}\right)$$

进而可得:

$$P = A$$

$$\phi^{sym} = \frac{1}{2}\arctan\frac{A_3}{A_1 - A_2}$$

$$B^{ani} = A_3 / \sin\left(2\phi^{sym}\right)$$

$$B^{iso} = \frac{1}{2}\left[\left(A_1 + A_2\right) - B^{ani}\right]$$

式中 $R\left(i_n, \phi_n\right)$ ——第 n 方位道集相应的反射系数。

总个数指方位数和入射角数相乘的结果。依照方位角、入射角的道集来进行排序重组,分别与等式右边的系数呈现一一对应的规律。

式(6-1-3)可以用来对叠前方位道集裂缝量化进行估算,由于整个推导过程是完整的表达式,没有略去任何的作用项,故其精度非常好。上述公式不但充分考虑了方位角因素,而且还考虑到入射角因素,得到相应各向异性梯度项 B^{ani} 和各向同性梯度项 B^{iso}。过去,人们在研究过程中,往往忽略 B^{iso},主观假设其不同方位的各向同性梯度项不发生改变。事实证明,这样会导致一定的误差出现。为此,再加入 B^{iso} 讨论,提高预测准确度。

在不考虑入射角 i 项对预测结果影响的情况下,上式可进一步简化为:

$$R_p\left(i,\phi\right) = A + A_1\sin^2 i\cos^2\phi + A_2\sin^2 i\sin^2\phi + A_3\sin^2 i\sin\phi\cos\phi \qquad (6-1-4)$$

$$= C_1 + C_2\sin\left(2\phi\right) + C_3\cos\left(2\phi\right)$$

推导过程如下:

$$R_p\left(\phi\right) = A + \left(B^{iso} + B^{ani}\cos^2\phi^{sym}\right)\cos^2\phi + \left(B^{iso} + B^{ani}\sin^2\phi^{sym}\right)\sin^2\phi$$
$$+ B^{ani}\sin\phi\cos\phi\sin 2\phi^{sym}$$

$$= A + B^{iso} + B^{ani}\cos^2\phi^{sym}\cos^2\phi + B^{ani}\sin^2\phi^{sym}\sin^2\phi + \frac{1}{2}B^{ani}\sin 2\phi^{sym}\sin 2\phi$$

$$= A + B^{iso} + B^{ani}\sin^2\phi^{sym} + B^{ani}\left(\cos^2\phi^{sym} - \sin^2\phi^{sym}\right)\cos^2\phi + \frac{1}{2}B^{ani}\sin 2\phi^{sym}\sin 2\phi$$

$$= A + B^{iso} + B^{ani}\sin^2\phi^{sym} + \frac{1}{2}B^{ani}\left(\cos^2\phi^{sym} - \sin^2\phi^{sym}\right)\frac{\cos 2\phi}{2}B^{ani}\left(\cos^2\phi^{sym} - \sin^2\phi^{sym}\right)$$
$$+ \frac{1}{2}B^{ani}\sin 2\phi^{sym}\sin 2\phi$$

$$= A + B^{iso} + \frac{1}{2}B^{ani} + \frac{\cos 2\phi}{2}B^{ani}\cos\left(2\phi^{sym}\right) + \frac{1}{2}B^{ani}\sin 2\phi^{sym} - \sin 2\phi$$

$$= A + B^{iso} + \frac{1}{2}B^{ani} + \frac{1}{2}B^{ani}\sin 2\phi^{sym}\sin 2\phi + \frac{1}{2}B^{ani}\cos\left(2\phi^{sym}\right)\cos 2\phi$$

$$= C_1 + C_2\sin 2\phi + C_3\cos 2\phi$$

其中，$C_1 = A + B^{\text{iso}} + \dfrac{1}{2} B^{\text{ani}}$；

$$C_2 = \frac{1}{2} B^{\text{ani}} \sin\left(2\phi^{\text{sym}}\right);$$

$$C_3 = \frac{1}{2} B^{\text{ani}} \cos\left(2\phi^{\text{sym}}\right);$$

$$\phi^{\text{sym}} = \frac{1}{2} \arctan \frac{C_2}{C_3};$$

$$B^{\text{ani}} = \frac{2C_2}{\sin\left(2\phi^{\text{sym}}\right)};$$

$$A + B^{\text{iso}} = C_1 - \frac{1}{2} B^{\text{ani}}.$$

在不考虑入射角的情况，线性化公式也可应用于固定入射角及叠后方位道集，且不用两步计算，直接采用最小二乘拟合方法就可得到预测结果，比两步法计算精度更高。

2）联合反演方程建立

Tsvankin（1997）提出了 HTI 介质中的相速度公式如下：

$$v_{P0}\left(i,\phi\right) = \alpha\left[1 + \delta^{(v)}\sin^2 i\cos^2\left(\phi - \phi^{\text{sym}}\right) + \left(\varepsilon^{(v)} - \delta^{(v)}\right)\sin^4 i\cos^4\left(\phi - \phi^{\text{sym}}\right)\right] \quad （6\text{-}1\text{-}5）$$

式中　v_{P0} ——介质 P 波相速度，可根据不同方位角、不同入射角道集拉平得到的各向异性时差求得；

α —— P 波各向同性速度；

$\delta^{(v)}$ 和 $\varepsilon^{(v)}$ ——各向异性参数；

i ——地震波入射角；

ϕ ——观测方位；

ϕ^{sym} ——裂缝对称轴的方位。

根据该公式，利用非线性反演方法，反演出各向异性参数 $\delta^{(v)}$ 和 $\varepsilon^{(v)}$。

由式（6-1-2）可知，各向异性梯度 B^{ani} 与各向异性参数 $\delta^{(v)}$ 和 γ 之间的关系如下：

$$B^{\text{ani}} = \frac{1}{2}\left[\Delta\delta^{(v)} + 2\left(\frac{2\overline{\beta}}{\overline{\alpha}}\right)^2 \Delta\gamma\right] \quad （6\text{-}1\text{-}6）$$

各向异性参数 γ 无法通过反演得到，但一般 $\varepsilon^{(v)}$ 和 γ 单调性一致，同时增减或为零，因此，可假设二者具有线性关系，然后根据测井数据拟合二者线性关系即可得到 γ。现已知 $\delta^{(v)}$ 和 γ，即可求出由速度各向异性反演和计算得到的各向异性梯度，记为 B_v^{ani}。

在此基础上，周晓越等（2020）提出了将速度反演得到的 B_v^{ani} 作为约束加入振幅反演实现联合反演的方法，试图进一步提高反演精度。

首先，构建振幅反演的初始目标函数：

$$\min\left(S - WGC\right)^{\text{T}}\left(S - WGC\right) \quad （6\text{-}1\text{-}7）$$

将 B_v^{ani} 作为约束加入之后，得到新的目标函数式：

$$\min\left[\left(S - WGC\right)^{\text{T}}\left(S - WGC\right) + \lambda\left(B^{\text{ani}} - B_v^{\text{ani}}\right)^{\text{T}}\left(B^{\text{ani}} - B_v^{\text{ani}}\right)\right] \quad （6\text{-}1\text{-}8）$$

式中 S——振幅矩阵；

$\quad\quad W$——子波矩阵；

$\quad\quad$矩阵 G——式（6-1-4）的系数矩阵；

$\quad\quad$矩阵 C——需求解的未知参数矩阵。

求解新目标函数可以得到矩阵 C，进而可求得各向异性梯度 B^{ani} 和裂缝方位角 ϕ^{sym}。

上式中，矩阵 G 和 C 分别如式（6-1-9）所示：

$$G=\begin{pmatrix} 1 & \sin^2 i_1 \cos^2 \phi_1 & \sin^2 i_1 \sin^2 \phi_1 & \sin \phi_1 \cos \phi_1 \sin^2 i_1 \\ 1 & \sin^2 i_1 \cos^2 \phi_2 & \sin^2 i_1 \sin^2 \phi_2 & \sin \phi_2 \cos \phi_2 \sin^2 i_2 \\ \vdots & \vdots & \vdots & \vdots \\ 1 & \sin^2 i_N \cos^2 \phi_{N-1} & \sin^2 i_N \sin^2 \phi_{N-1} & \sin \phi_{N-1} \cos \phi_{N-1} \sin^2 i_N \\ 1 & \sin^2 i_N \cos^2 \phi_N & \sin^2 i_N \sin^2 \phi_N & \sin \phi_N \cos \phi_N \sin^2 i_N \end{pmatrix}; C=\begin{pmatrix} A \\ A_1 \\ A_2 \\ A_3 \end{pmatrix} \quad (6-1-9)$$

具体实现流程如图 6-1-15 所示，流程中增加了初始模型约束，包括测井数据获取高精度各向异性参数信息、通过旅行时数据获取低频各向异性参数初始模型，联合方位旅行时和振幅信息求解，以提升反演效果。

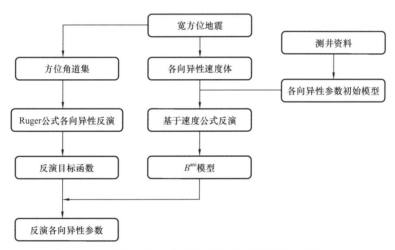

图 6-1-15　旅行时与振幅联合的各向异性参数反演流程图

3）模型测试

测试模型是一个三层介质的数学模型，上下两层是弹性介质，中间是裂缝孔隙介质（图 6-1-16）。

地质模型中地层及储层参数见表 6-1-2。

图 6-1-17 是该地质模型正演得到的叠前全方位角道集，共 12 个入射角，73 个方位角。叠前全方位角道集振幅和速度各向异性联合反演结果如图 6-1-18 所示。在没有噪声干扰的情况下，介质裂缝密度真实值为 0.1387 条 /m，

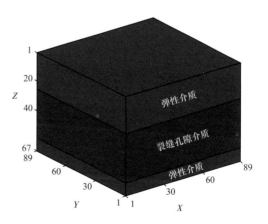

图 6-1-16　各向异性反演测试地质模型

模型顶界面的反演值为 0.1372，误差为 1.08%。裂缝方位角真实值为 0，反演结果也基本为 0，可见反演结果较为准确。

表 6-1-2 模型介质参数

上层弹性介质	纵波速度		横波速度		密度
	4729m/s		2606m/s		2.7g/cm³
裂缝介质	孔隙度	含气饱和度	裂缝密度	裂缝倾角	裂缝方位角
	5.81%	100%	30 条/m	90°	0°
下层弹性介质	纵波速度		横波速度		密度
	5660m/s		3364m/s		2.73g/cm³

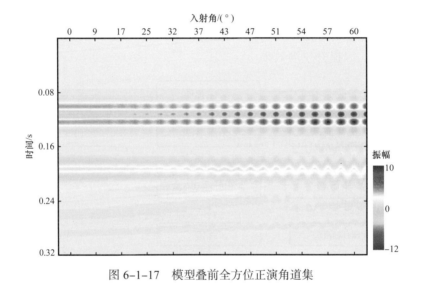

图 6-1-17 模型叠前全方位正演角道集

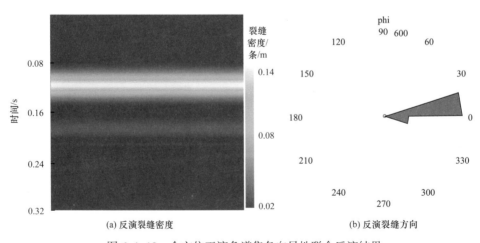

(a) 反演裂缝密度　　　　　　　　　　(b) 反演裂缝方向

图 6-1-18 全方位正演角道集各向异性联合反演结果

在叠前全方位角道集中加入信噪比为 10dB 的高斯白噪声之后，进行振幅和速度各向异性联合反演，结果如图 6-1-19 所示，得到的顶界面裂缝密度值为 0.1411/（条 /m），误差为 1.73%，裂缝方向反演结果变得相对杂乱，但主要方向仍为 0，说明方法切实可行。

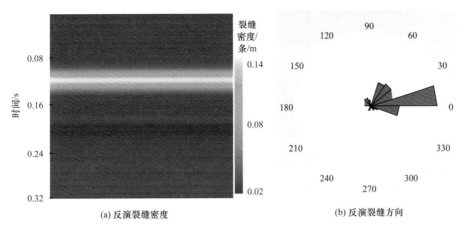

(a) 反演裂缝密度　　　　　　　　　　　(b) 反演裂缝方向

图 6-1-19　全方位正演角道集加噪声后各向异性联合反演结果

4）方法应用

该方法在高石梯三维试验区进行实际地震资料测试应用。区内的三口探井在灯四段，GS1 井裂缝最发育，其次是 GS9 井，GS11 井裂缝最不发育。地震资料为纵横比 0.83 宽方位三维，被划分为三个入射角（5°、15°、30°）和 12 个方位角的地震道集，分别采用三种不同方法，完成了灯影组裂缝密度和方向反演。

（1）反演剖面对比。

图 6-1-20 为叠前速度各向异性反演、叠前振幅各向异性反演以及叠前联合反演方法得到的裂缝密度剖面对比图，图中井上黑色曲线为已知井的裂缝密度曲线。

由图 6-1-20（a）可以看出，叠前速度各向异性反演结果与各井裂缝曲线吻合较好，可作为振幅反演的约束，但较叠前振幅各向异性反演结果［图 6-1-20（b）］的分辨率低。

叠前振幅各向异性反演结果横向连续性更好，反映了更多的层状信息，精度相对提高，但与井曲线吻合度不高。

叠前振幅和速度各向异性联合反演结果较叠前振幅各向异性反演提高了与井曲线的吻合度，裂缝不发育的 GS11 井反演结果各向异性更低，且较叠前速度各向异性反演结果的分辨率高，说明该结果有效提高了反演精度。

（2）裂缝密度对比。

图 6-1-21 为联合反演方法和叠前振幅各向异性反演得到的灯四段上亚段裂缝密度切片对比图，红色代表裂缝密度较高区域。叠前振幅各向异性结果平面上裂缝主要集中在 GS11 井附近区域、GS1 井裂缝最不发育［图 6-1-21（a）］；联合反演方法结果平面上预测裂缝 GS1 井和 GS9 井相对发育、GS11 井最差［图 6-1-21（b）］，和前者相比与已知井裂缝密度发育程度更为吻合。

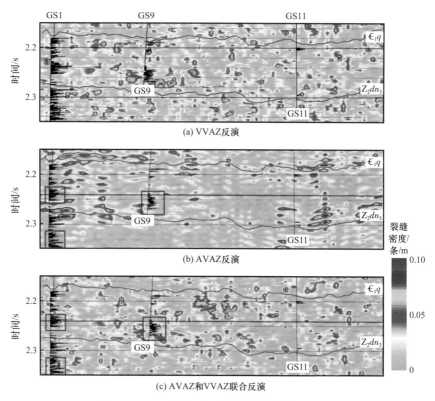

(a) VVAZ反演

(b) AVAZ反演

(c) AVAZ和VVAZ联合反演

图 6-1-20　三种方法反演裂缝密度剖面对比图

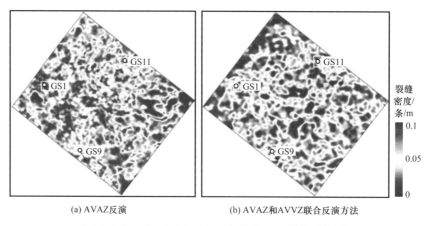

(a) AVAZ反演　　　　　　　(b) AVAZ和AVVZ联合反演方法

图 6-1-21　灯四段上亚段反演裂缝密度切片对比图

第二节　离散裂缝网络建模技术

　　微裂缝远小于地震分辨率，只能通过与裂缝相关的地震信息间接模拟获得。离散裂缝建模是实现碳酸盐岩储层裂缝多尺度定量表征的关键核心技术。它基于成像测井、叠前、叠后地震和地质力学裂缝识别等技术，获得不同尺度裂缝预测成果，评价和描述各尺度裂缝的空间分布规律，通过离散裂缝网络建模技术，融合多尺度裂缝体系和储层基质孔隙，从而构建出一个能够反映整体裂缝信息的综合模型。

一、方法原理

离散裂缝网络模型（DFN 模型）是目前描述裂缝较为先进的技术。DFN 模型通过展布于三维空间中的各类裂缝网络集团来构建整体的裂缝模型，每类裂缝网络集团又由具有不同形状、大小、方位、方向的裂缝片组成，可实现对裂缝系统从几何形态到其渗流特征的有效描述。DFN 模型可以接受地震、岩心分析、露头、地质、地应力、测井、试井、示踪剂、压裂、生产动态等多方面的数据，并整合各类裂缝数据信息，从而构建出一个能够反映整体裂缝信息的综合模型。

DFN 建模主要包括：

（1）利用测井、地震数据和地质力学方法识别和评价各级天然裂缝，统计分析各级别裂缝的空间分布规律，利用裂缝密度和方位信息产生具有地质约束条件的离散裂缝网络；

（2）由 DFN 计算裂缝孔隙度和渗透率，单位体积内裂缝的面积输出给储层数值模拟，实现裂缝系统空间三维分布规律、规模的定量描述。

其工作流程如图 6-2-1 所示。

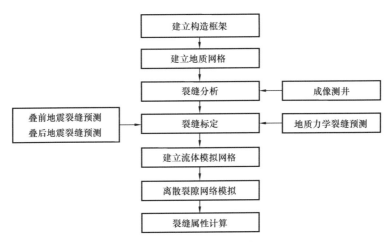

图 6-2-1　碳酸盐岩储层裂缝建模流程图

二、GS1 井区离散裂缝网络建模

以 GS1 井区灯影组为例展示建模技术流程和关键技术。

裂缝离散裂隙网络建模需要裂缝密度、裂缝方位和裂缝倾角三个重要模型来控制裂缝在空间中的产状，同时需要裂缝长度、张开度等参数的约束，因此先要开展多方面裂缝分析。

1. 裂缝参数获取

通过岩心观察和成像测井分析裂缝发育特征、发育密度、张开度及长度等信息，为裂缝综合建模提供裂缝参数。

根据岩心观察，裂缝在灯影组中普遍发育，主要为构造缝和溶缝，发育程度总体较高，构造缝多以高角度缝出现，倾角大于70°，裂缝走向为北西西—南东东，倾向为北北东。成像测井解释结果统计，裂缝密度1.2～7.51条/m，裂缝缝宽小于1mm（图6-2-2）。

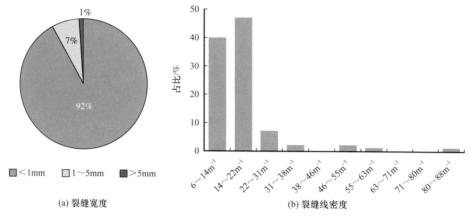

(a) 裂缝宽度　　　　　　　　　(b) 裂缝线密度

图 6-2-2　岩心裂缝参数统计图

2. 多尺度裂缝预测

采用叠后最大似然法获得了断裂分布最大似然体、倾角体和方位体，分析中断裂体系，为离散裂缝网络模型的建立提供裂缝强度、裂缝方位和倾角的约束条件。

小裂缝延伸距离短且断距小，而通常情况下岩心和测井数据十分有限，不足以描述大区小裂缝的空间发育特征。因此，利用地质力学方法对研究区碳酸盐岩储层小天然缝发育的强度、方位和倾角进行描述。

根据储层的弹性参数和基质属性模型，计算反映裂缝发育强度和裂缝空间产状的三维参数体：地层体积膨胀体、主应力方向体。其中，体积膨胀度数据体反映地层变形的类型及程度，体积膨胀度大于0表示地层在变形过程中处于拉张的环境，膨胀度小于0表示地层在变形过程中处于挤压的环境。体积膨胀度偏离零值越远，表示变形程度越高，指示天然裂缝的发育强度，包括地层变形中拉张缝、剪切缝等所有类型和角度的缝。储层主应力方向体是个矢量体，可由此计算出裂缝的方位和倾角体来反映裂缝空间产状信息（图6-2-3）。

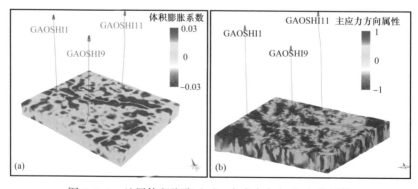

图 6-2-3　地层体积膨胀（a）、主应力方向（b）数据体

3. 裂缝密度体

获得以上多来源多尺度的裂缝信息后，通过评价和统计分析各级别裂缝的空间分布规律，最终采用多资料约束井插值的属性建模技术，实现大裂缝和中—小裂缝识别结果融合，获得定量的裂缝密度体，为离散裂缝网络的模拟提供了依据，如图6-2-4所示。

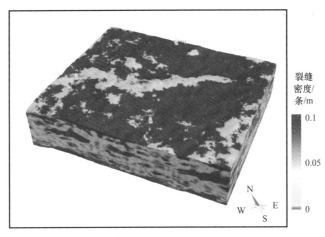

图 6-2-4　裂缝密度体

4. 离散裂缝网络建模

依据研究区裂缝分布特征，定义裂缝几何参数。在GS1井区DFN模拟中，用已获得的裂缝密度体、方位体和倾角体作为空间产状的约束，定义裂缝长度范围为15～150m的等概率分布，裂缝张开度和长度的平方根成正比，平均张开度为0.998mm，利用离散裂缝网络建模技术获得DFN模型。图6-2-5所示离散裂缝网络DFN立体图，裂缝以面元形式分布，单个地层网格中裂缝的条数、方向、长度、面积、开度均为已知数据，据此，可以计算裂缝贡献的储层物性参数，从而建立裂缝物性的三维分布模型，用于油藏数值模拟。

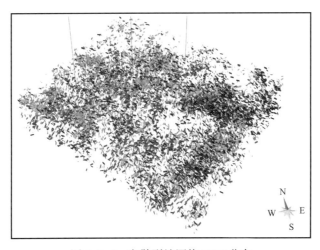

图 6-2-5　离散裂缝网络DFN分布

第七章 岩溶油气藏地震处理解释研究实例

第一节 GS1 井区灯四段气藏地震处理解释

一、概况与需求

1. 工区位置

GS1 井区处于安岳气田高—磨地区灯影组气藏南部，是安岳气田灯影组气藏的核心开发区。地理位置位于四川省资阳市安岳县、遂宁市安居区、重庆合川潼南区境内，南起高屋乡，北至大安乡，西起兴隆镇，东到东胜场。

2. 资料条件

2011 年，为结合 GS1 井的钻探成果对下古生界及震旦系储层的纵横向展布进行精细刻画，在 GS1 井区部署了三维地震，施工面积为 710.98km^2，满覆盖面积为 273.41km^2。工区内地形起伏不大，主要为深丘—低山地形为主。整体地势南高北低、西高东低，海拔在 240～460m 之间，相对高差在 200m 左右，最大相对高差在 220m。测区内水系发育，主要有琼江河及其支流，此外还分布有众多的水库、堰塘，主要有磨滩河水库、黄楠坝子水库等，地震变观情况较多。地表主要出露侏罗系遂宁组泥岩和砂岩，江河沿岸有少量第四系砾石分布。总体上激发、接收条件较好。

GS1 井三维工区采用了 16 线 ×10 炮 ×192 道正交观测系统，为纵横比 0.83 的宽方位三维地震采集，面元 20m×20m，覆盖次数 60 次以上，具体采集基本参数见表 7-1-1，使震旦系原始地震资料信噪比大幅提高，分频扫描 20～70Hz 范围内有效反射信息丰富，原始单炮品质优良。

表 7-1-1 GS1 井三维地震野外采集参数

观测系统	方位角	面元	覆盖次数	炮线距/m	炮点距/m	检波线距/m	检波点距/m	最大炮检距/m	纵横比
16L8S192R/正交	37.94°	20m×20m	64 次	480	40	400	40	4970	0.83

截至 2017 年投入开发前，针对灯影组气藏共完钻探井 10 口，灯四段上亚段试气全部产气，平均日产气 52.7×10^{4}m^3，其中日产气超过 50×10^{4}m^3 的气井 4 口。除了常规测井资料之外，多数井还完成横波和 FMI 测井；灯四段新取心井共 6 口（GS1、GS2、GS6、

GS7、GS10 和 GS102）进尺 332.3 m，心长 269.6 m，收获率 63.7%，测井、取心资料丰富，为沉积、储层研究提供了坚实的资料基础（表 7-1-2）。

表 7-1-2　GS1 井区灯四段取心及试气统计表（据金民东，2017）

井号	灯四段上亚段日产气 /10⁴m³	取心进尺 /m	心长 /m	收获率 /%
GS1	32.28	31.50	30.00	95.2
GS2	88.05	8.70	5.67	65.7
GS6	108.15	32.30	3.80	11.7
GS7	105.65	87.44	80.48	92.0
GS8	22.45			
GS9	35.10			
GS10	45.46（合试）	10.61	2.95	27.8
GS11	5.60			
GS12	22.31			
GS102	62.00	161.79	146.68	90.6

3. 勘探开发概况

自灯影组气藏发现后，GS1 井区快速完成了储量探明、开发试采、开发部署和开发上产这四个阶段。2011 年 7—9 月，风险探井 GS1 井在震旦系获得重大突破，在灯影组获得高产气流，随即部署和实施了 GS2、GS3、GS6 等 14 口探井。GS1 井区灯四段气藏开发始于 2012 年，初期有 7 口探井相继投入试采，证实气藏能量充足，生产井产量、压力稳定。2013 年 GS1 井区灯四段气藏完成了控制储量申报，2015 年提交探明储量。2017 年，在完成储层上报和试采同时，储量主体区开始整体开发井部署，全面进入开发上产阶段，并实现了资源向产量的快速转化，成为高—磨地区灯影组气藏最重要的生产区块。

4. 地质概况

GS1 井区主体处于台缘带，紧邻台内裂陷槽，丘滩相发育，是天然气最为富集的区域。灯四段气藏属于超深层（不小于 4500m）、低孔、中含 H_2S、中含 CO_2、常压、岩性—地层复合圈闭边水气藏（余果等，2021）。储层岩性以藻凝块云岩、藻叠层云岩、藻砂屑云岩为主。储集空间以中小溶洞和各类溶蚀孔隙为主，其次为粒间（溶）孔，孔洞间连通性差。全直径岩心平均孔隙度为 3.97%，水平方向、垂直方向平均渗透率分别为 2.89mD、0.48mD，其中裂缝—孔洞型储层和孔隙—溶洞型储层溶洞发育，孔隙度大于 3%，渗透率大于 0.1mD。孔隙型储层孔隙度多为 2%~3%，渗透率多小于 0.01mD，储渗性较差，总体表现为低孔隙度、低渗透率。储层类型为裂缝—孔洞型、孔隙—溶洞型和孔隙型。储层纵向多层，单层厚度介于 2~15m。受丘滩相沉积与岩溶作用的控制，储层叠置连片、平面上大面积分布，缝洞型储层和孔洞型储层是优质储层，灯四段上亚段优质储层厚度分布在 20～60m，其中台缘带优质储层最发育，且向东侧逐渐减薄（严鸿等，2020）。

5. 技术需求

2011 年以来通过物探攻关及相关专题研究，多家单位在 GS1 井区针对震旦系灯影组储层在构造解释、裂缝预测、储层预测和烃类检测等方面做了大量研究工作。在勘探阶段，利用构造、岩溶古地貌结合地震反射特征、储层预测、缝洞预测等成果，取得好的效果。

随着开发的深入和钻井数量的增加，不断地显露出其地质条件的复杂性和开发的难点。虽然气藏整体含气，但各井之间测试产量相差大，说明灯四段储层横向非均质性强，优质储层分布范围仍不清楚。同时，灯影组气藏埋深超过 5000m，钻井成本高，单井投资超 1 亿元，投资风险大，对钻井成功率有着更高的要求。为进一步提高单井产量，实现气藏效益开发，提高储量动用率，主要需要解决以下几个地质难点和地球物理问题。

1）储层类型复杂，缝洞单元尺度小，地震预测困难

储层发育有多期溶蚀孔洞、构造缝和岩溶缝，储集体类型多、缝洞发育程度差异大。岩心溶洞统计表明，灯四段溶洞以中—小溶洞为主，大溶洞发育较少，GS1 井区中—大洞占比 21.1%。缝洞单元尺度小，地震剖面上无明显响应，是缝洞单元地震刻画的主要困难。

2）灯影组地震资料和合成地震记录匹配不好，难以满足储层精细描述的需要

西南油气田在进入到以"段"为单位的开发过程中，对高石梯构造、磨溪构造及龙女寺构造内 60 余口典型井灯影组开展精细标定，发现合成记录与井旁地震道匹配度低，特别是灯四段井震标定效果整体较差，灯四段内部存在来源不清的强反射轴、不吻合井占总井数的 58%（陈康等，2021），给"甜点"识别和预测带来很大挑战，地震资料品质难以满足储层精细描述的需要。

3）高产井影响因素多，地震响应模式复杂，井位优选难

灯影组缝洞储集体在纵向上呈多层叠置，累计厚度变化大；横向上均具有极强的非均质性，在 1～2km 的距离内就能产生较大厚度、物性变化，高产井地震响应模式复杂，优质储层及富集区带预测难度大、多解性强，造成钻井之间产量差异较大，从数千立方米到一百多万立方米，产能相差很大。

勘探阶段 GS1 井区主要依据地震刻画的"宽波谷"中的杂乱反射开展井位论证，但"宽波谷"带中存在高产和中—低产井，通过单一的"宽波谷"储层地震响应特征难以满足气田开发井部署的需求，如何建立高产井地震模式并明确井型设计方案是生产中亟需解决的问题（肖富森，2018）。

6. 研究思路和对策

针对以上问题和需求，在以往研究成果基础上，采用"夯实一个基础，通过两个联合"以提高高产井地震响应模式和优质储层预测精度的整体研究思路，支撑开发井位部署。

（1）加强以地震资料保幅和保方位的深层目标处理，提高地震资料品质，改善井震匹配程度，夯实地震资料基础，使储层预测基础更扎实；（2）充分利用具有丰富的测井资料

和地质认识的有利条件，井震联合建立岩溶储层地质模型，通过岩石物理建模和地震正演模拟、已钻井地震特征对比和标定，提高高产井地震响应模式建立精度；（3）针对灯影组气藏缝洞尺度小的特点，采用解释处理联合的工作模式，在地震解释和储层预测时引入处理，按照不同需求优化地震资料，突出其地质特征，再通过叠后—叠前—分方位叠前综合等地震技术，提高优质储层的预测精度。

二、关键处理解释技术

1. 深层弱信号保真处理技术

为满足基础储层预测的需要，针对深层有效信号弱、噪声干扰强的问题，采用相对保幅的高保真、高信噪比的处理思路，包括保幅处理、静校正、层控速度拾取和多次波压制等关键技术，以提高深层地震资料品质。

1）组合静校正处理

工区地表高程变化剧烈，近地表结构复杂，低降速带厚度、速度变化大，难以建立准确的表层结构模型，给静校正的计算带来了较大的困难。

针对静校正的问题，采用组合静校正进行处理，包括高程静校正、折射波静校正和地表一致性剩余静校正技术。基于该区地表条件和折射波分层的特点，将折射波分为两层模型，采用广义线性反演的折射波静校正计算方法；再通过实测折射波初至时间和近地表模型的正演模拟时间对比迭代，获得与观测折射波到达时间拟合最好的近地表模型，解决长波长静校正问题。在此基础上，应用三维反射波剩余静校正方法，通过模型道互相关求取时差，分解到炮点项、检波点项、偏移距项等，应用到地震数据以消除残余短波长静态时差的影响；再通过对模型道进行信号加强处理提高模型道质量，强化过程质控，进行剩余静校正的多次迭代，逐步优化，提高速度谱精度，拾取精确的剩余静校正量。

2）层控速度建模

研究区深层以大套碳酸盐岩为主，内幕反射整体能量较弱。受噪声及多次波干扰的影响，速度谱聚焦差、多解性强，在速度谱上很容易引起速度拾取错误，为此采用了层控速度拾取的方法。选取下寒武统沧浪铺组和筇竹寺组、灯三段和灯一段等可连续追踪的标志层，加载到速度谱，采用"沿层拾取，避开层间"的思路，沿层拾取叠加速度，避开不合理速度点，减少将干扰波当作有效波进行速度拾取的情况，提高速度拾取精度。

3）保幅去噪技术

（1）叠前去噪。

研究区除了规则面波、线性干扰外，还存在一些与环境相关的噪声如野值、随机干扰、高频干扰等，且在工区内分布不均匀。根据实际干扰波特性，采用分时/分频去噪、梯次迭代，逐渐压制噪声；根据野外同一单炮上子波形态和子波衰减的规律性，利用合理算法对不符合统计规律的地震数据进行修正；在压制面波、声波、随机噪声及强能量干扰的同时，消除野值、高频噪声对地震资料的影响，最大限度地保留有效成分，实现保幅去噪。

（2）层间多次波识别和压制技术。

除了常规噪声，深层地震还存在强能量层间多次波干扰，严重影响了灯影组的成像质量。层间多次波不仅能量强，且速度和一次波速度差异小。通过测试试验，采用叠前层控 Radon 变换和叠后模式识别方法组合，精细、逐步衰减层间多次波。首先，在叠前时间偏移道集上，进行高精度剩余速度分析与 Radon 变换压制多次波迭代处理；其次，经过 Radon 变换处理后，近偏移距地震道中还存在强能量的多次波，采用优势偏移距叠加处理技术，选取合理的偏移距范围，实现高信噪比的地震道叠加，减小多次波能量的干扰，提高深层资料信噪比；最后，在叠后数据体上开展处理和解释联作，在分析深层多次波主要来源层位的基础上，对中浅层多次波来源层位进行构造解释，沿层提取中—浅层多次波来源层的地震频谱信息，对深层目的层开展 f-x 域滤波方法识别和压制残留多次波。

4）保幅叠前时间偏移处理

在振幅补偿和一致性处理的基础上，通过规则化和质控实现保幅叠前时间偏移处理。

（1）叠前数据规则化处理。

GS1 井区水系发育、地震资料采集施工中变观多，实际地震数据往往存在道缺失、某个方向上道间距过大、局部不完整或数据缺失等现象，即实际地震数据覆盖次数是不规则的，对多道处理方法产生不利影响。特别是对于叠前时间偏移，不同偏移距组内覆盖次数不均的问题的更为突出，范围一般为 1～10 次，偏移后会造成覆盖次数多的道能量过强，严重时会导致在最终偏移剖面上画弧。

针对工区地震资料的特点，经过试验，选择合理的最小、最大偏移距和偏移距间隔，保证在每个偏移距组中，每个 CDP 至少要有一道，再采用五维插值方法进行叠前数据规则化处理，使叠前偏移后每个道集中道数等于它的平均覆盖次数，以补偿缺失地震道、加密空间采样率、抑制空间假频并消除覆盖次数不均对叠前成像的影响。

经过叠前数据规则化处理后，覆盖次数、炮检距分布均匀，叠前时间偏移道集的质量得到明显改善，消除了道集能量中间强、两头弱和偏移划弧的现象，实现了保幅成像。

（2）保幅质控。

从技术原理出发分析其是否满足保幅处理的要求，对该技术（尤其对振幅恢复类方法）的中间结果进行分析，是否符合实际振幅分布规律，是否达到保幅要求。对地震资料处理涉及的诸多环节实行全程质量监控。对于关键处理步骤设立多个质量监控点，通过质量监控图件，图形化定量分析处理效果，监控处理过程中的振幅变化。特别是，充分利用研究区丰富的测井资料，通过合成地震记录标定、AVO 正演等多种模拟方法，帮助评价地震处理结果的保真性，井震联合加强处理质量控制。

通过以上针对弱信号恢复和多次波压制目标处理后，和以往叠前时间偏移剖面对比，地震剖面质量有了很大的改变。风化壳面成像质量、地震波组特征层次、井震匹配程度等方面得到明显改善（图 3-4-1）。

2. 宽方位地震资料处理技术

GS1 井区灯影组岩溶储层孔隙结构复杂，裂缝发育，地震反射表现出较强的各向异性特征。因此，除了常规地震处理解释技术之外，采用基于全方位射线追踪成像的 ES360 处理技术开展全方位地震处理，充分发挥宽方位（全方位）地震资料的优势，为提高缝洞体预测精度提供资料基础。

1）深度域速度建场

在深度域速度模型的建立过程中，利用已有资料分析工区的速度分布特征，通过基于模型层析、保持旅行时层析及全方位网格层析等多种方法建立深度域速度模型。

（1）初始深度域速度建模。基于时间域 RMS 速度体，通过约束速度反演（CVI）产生时间偏移域层速度体；将时间偏移域层速度体比例到深度域，平滑后形成初始深度域速度模型。

（2）各向同性速度模型优化。采用基于模型的层析成像方法，将构造模块约束和网格层析反演的优势相结合进行深度域速度反演，通过各向同性速度模型的优化迭代，进一步提高速度精度。

（3）VTI 各向异性速度建模。充分利用测井分层资料的信息，将测井分层和解释构造层位进行匹配，将构造层位作为反演对象，达到与井深度吻合和准确偏移成像，获得各向异性参数体 δ 以及初始各向异性速度。

（4）全方位各向异性网格层析成像。利用叠前深度偏移全方位共反射角道集，拾取全方位道集的反射点位置每道的剩余延迟值，建立层析成像矩阵；按每道的方位角分别反演，根据不同射线的路径修改地下速度场，在反演垂直速度的同时获得各向异性属性体。

2）ES360 偏移成像

通过射线追踪技术，将地面的地震信息映射到地下局部角度域，分别对地下成像点极坐标参数中的两个分量进行积分，向地面进行射线追踪成像，得到两个全方位、三维角度域道集：全方位共反射角道集和全方位倾角道集。全方位共反射角道集反映了不同方位角的振幅变化信息，用于 VVAZ、AVAZ 裂缝预测；全方位倾角道集可以进行镜像叠加提高地震资料成像的信噪比和精度，也可散射叠加提高异常地质体的清晰度。

ES360 叠前深度偏移一方面为研究区裂缝检测提供了好的基础资料，同时在成像方面也取得了好的效果。镜像叠加比克希霍夫偏移成像精度和信噪比更高，地震资料横向分辨率也得到提高，小断裂更加清晰。利用镜像叠加地震资料在工区内共识别出断层 28 条，而在以往老的地震数据上只识别出 8 条断层（图 7-1-1）。

通过散射叠加在研究区首次识别出了灯影组内幕小缝洞体。某水平开发井钻井存在钻具放空、钻井液大量漏失现象，显示该段缝洞体发育。由于常规叠后成像主要表现了地层成像的连续性，小缝洞体没有明显的地震响应，看不到缝洞体异常特征，如图 7-1-2（a）所示。而散射成像去除了顶面强反射的影响，突出了内部缝洞等不连续体的地震反射特征，在钻井轨迹经过的地方，显现出微弱类似"串珠状"的地震反射特征，如图 7-1-2（b）所示。

3. 岩溶优质储层地震预测技术

1）优质储层地震模式分析和预测技术

针对研究区对高产井地震响应模式及储层预测的实际生产需要，采用正演模拟约束储层特征分析和提取技术（详见第四章），基于岩溶发育模式建立地质模型，定性分析储层地震响应特征的变化，结合已钻井测井分类统计和储层段实际地震响应特征，建立了灯影组台缘带三种地震响应模式。

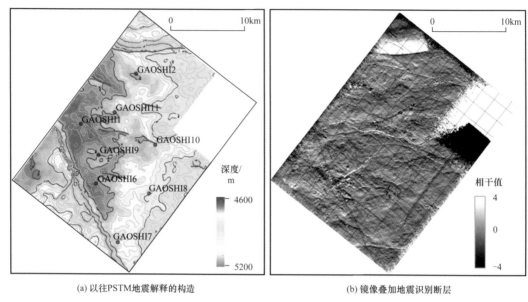

(a) 以往PSTM地震解释的构造

(b) 镜像叠加地震识别断层

图 7-1-1　不同地震数据断层解释对比图

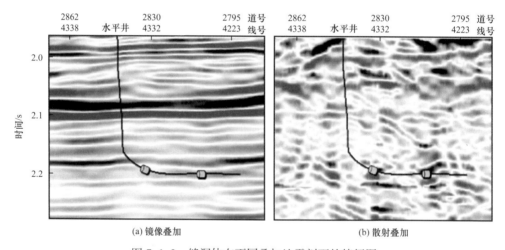

(a) 镜像叠加

(b) 散射叠加

图 7-1-2　缝洞体在不同叠加地震剖面的特征图

　　基于不同井别不同的地震响应特征，采用地震波形分类技术划分地震相，将地震相波形解译为对应的地震响应模式，实现储层定性预测。

　　工区内 10 口井按照试气结果大致可分为三类：Ⅲ类为日产气小于 $20 \times 10^4 m^3$ 的井，包括 GS10、GS11 等井；Ⅱ类为日产气为 $20 \times 10^4 \sim 50 \times 10^4 m^3$ 的井，包括 GS6、GS9 等井；Ⅰ类为日产气大于 $50 \times 10^4 m^3$ 的井，包括 GS2、GS12、GS7 井。Ⅰ、Ⅱ类井统称为高效井，第Ⅲ类属于低效井。

　　灯四段上亚段储层的波形分类结果如图 7-1-3 所示，图中褐色与黄色为Ⅰ类和Ⅱ类模式高产，预测为优质储层，绿色和浅蓝色为Ⅲ类低产模式，预测为差储层。已钻井和后验井对比，地震分类波形和模型地震响应特征匹配好，能够有效反映出储层厚度的变化。根据波形分类图中各已知井位置对应的波形颜色，再结合井点处的实际地震反射特征，预测结果中只有 GS11 井不吻合（紫色为符合好的井，白色为不符合的井），符合率为 90%，较以往大幅提高 30%。

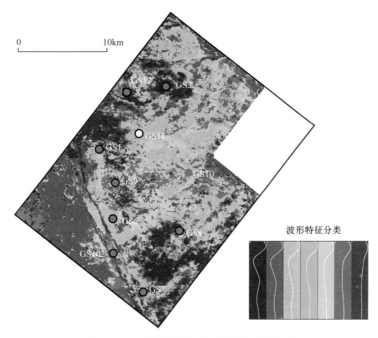

图 7-1-3　高石梯灯四段上亚段波形分类

2）反向加权非线性 AVO 反演

针对波阻抗难以有效区分储层的问题，采用反向加权非线性 AVO 反演方法进行叠前弹性参数的反演，以改善横波和密度响应敏感度，整体提高反演和储层预测的精度。

反向加权非线性反演得到纵波速度、横波速度和密度后，根据储层敏感参数分析结果，计算出剪切模量 × 密度（MR）。通过井震标定，确定孔隙度大于 3% 有效储层的 MR 小于 95，最终预测出灯四段上亚段储层的厚度平面分布（图 7-1-4）。对比波形分类结果，储层厚度平面分布和其有很好的对应关系，相互印证了储层定性、定量预测结果的可靠性。

3）AVO 趋势异常裂缝预测

分方位裂缝预测对输入地震资料的质量要求高、所需数据量大、过程复杂，工作效率不高，难以大规模应用于实际生产中。因此，开展叠前 AVO 趋势异常裂缝预测。

按照地震基本原理，当地层性质在空间有变化时，地震波能量就会发生相应的变化。因此，一切地质上的非均质性（包括各向异性）都会带来地震振幅或者 AVO 特征的变化，裂缝作为非均质的一种表现形式，同样造成储层空间变化。各向异性使地震波沿不同方位角传播速度有所不同：沿裂缝法向方向，地震反射波传播时间长，能量衰减强度大；沿裂缝走向方向，地震波速度快，地震波传播时间短，能量衰减较小，导致叠前道集中相同偏移距范围内不同方位地震反射不能同相叠加，降低了信噪比和成像效果，造成 AVO

异常。因此，分析叠前 AVO 异常变化特征，可以在一定程度上预测非均质性或者裂缝分布。

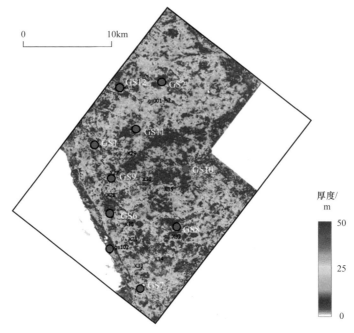

图 7-1-4　灯四段上亚段优质储层（φ＞3%）厚度图

对实际叠前时间偏移道集分析发现，除了常规的 AVO 属性外，通过 AVO 拟合趋势差异能较好反映地下各向异性变化。图 7-1-5 为 AVO 趋势异常差异示意图，当地层各向异性较弱时，AVO 拟合趋势线规律清楚，不同偏移距的振幅能量和趋势线之间符合较好[图 7-1-5（a）]；当地层各向异性变强时，不同偏移距能量差异较大，AVO 拟合趋势不清楚，不同偏移距的振幅能量和趋势线之间存在较大的差异[图 7-1-5（b）]。

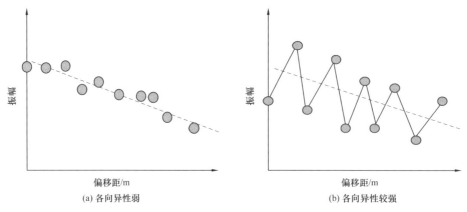

图 7-1-5　AVO 趋势异常差异示意图

应用叠前 AVO 裂缝检测技术求取 AVO 趋势异常，在研究区取得较好的实际效果，图 7-1-6 为连井裂缝预测剖面图，裂缝预测结果与测试产量具有较好的对应关系，高产井处于趋势异常强的位置。

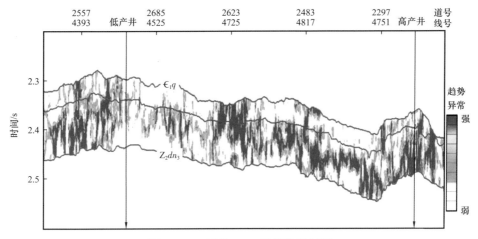

图 7-1-6 叠前 AVO 裂缝检测剖面

4）双相介质油气检测技术

双相介质指的是由具有孔隙的固体骨架（固相）和孔隙中所充填的流体（流相）所组成的介质。Biot 理论认为，当地震波穿过双相介质时，固相和流相产生相对位移并发生相互作用，产生第二纵波。第二纵波速度很低，且极性与第一纵波相反。实际地震记录是第一纵波与第二纵波的叠加，其动力学特征与单相介质的不同。根据双相介质具有的"低频共振、高频衰减"特性，采用小时窗三角滤波的方法，对给定时窗内的地震数据进行频谱分析，并在给定的高低频敏感段内对振幅谱进行能量累加计算，再对计算结果进行相减、相除计算，进而得到能够定性表征储层性质和油气富集程度的结果。

图 7-1-7 是基于井旁道地震数据对灯四段上亚段岩溶储层进行的油气检测频谱分析实验，高效井 GS2 井和 GS6 井低频段振幅谱能量远高于高频段振幅谱能量，而低效井 GS10 井和 GS11 井在高频段振幅谱能量高于低频段振幅谱能量。利用该技术进行油气检测，将各井油气检测结果和产气量进行对比，检测结果和产气量全部吻合，烃类检测符合率从 70% 提高 100%，而且检测值与产气量呈良好正相关（图 7-1-8）。

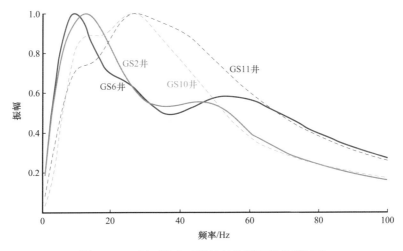

图 7-1-7 灯四段上亚段油气检测频谱分析试验

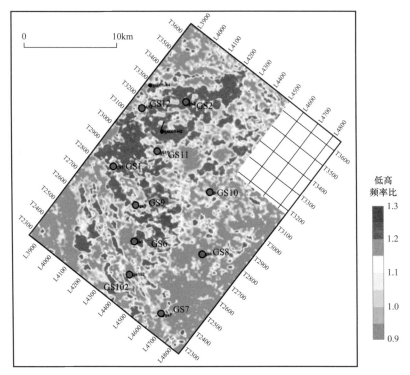

图 7-1-8　灯四段上亚段油气检测结果

5）MAF 含气检测技术

结合过井叠前道集和模型研究，总结出灯四段气层与干层在叠前地震资料上具有不同的响应特征。

多数气层：远道叠加剖面的反射振幅明显比近道强，近道叠加剖面为弱—中强振幅、而远道叠加剖面为中强振幅特征；远道剖面横向上振幅强弱变化明显，频率较低，反射轴连续性差。

干层和差气层：在叠前道集上，近道和远道差异小、连续性好；在远道叠加剖面上表现为弱反射振幅、呈低频、杂乱等特征；而近道剖面振幅为中—弱反射、连续性相对较好。

由于气层和干层地球物理特征非常接近，AVO 特征差异通常情况下很小，仅依靠振幅差异变化检测气层存在一定的多解性。为此同时考虑地层含气频率衰减的效应，李新豫等（2016）加入叠前道集内频率变化信息，采用了主振幅主频率含气性预测方法，与 AVO 远近道振幅异常方法联合应用，排除非含气性因素所产生的 AVO 异常以提高含气检测精度：

$$MAF = \frac{a*Amp(Far) - Amp(Near)}{abs[Freq(Far) - b] + N} \qquad (7-1-1)$$

式中　MAF——主振幅主频率值；

a、b——调节系数，可根据井资料正演并结合地震资料分析得出；

N——常数。

MAF 越高，近远道振幅差异大，主频率低，含气性好；MAF 越低，近远道振幅差异小，主频率高，含气性一般。图 7-1-9 为灯影组远近道叠加剖面和 MAF 剖面对比，相对近远道差异，MAF 更好指示出储层的含气性。

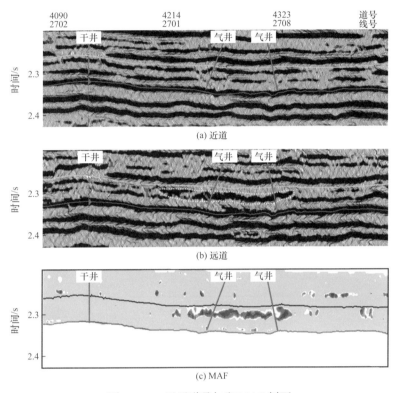

图 7-1-9　远近道叠加和 MAF 剖面

4. 高产井模式和评价技术

1）古地貌精细解释技术

古地貌对岩溶储层发育起着很强的控制作用。高石梯灯影组属典型的岩溶风化壳储层，灯四段储层受岩溶作用控制尤其明显：岩溶斜坡、岩溶高地最有利、岩溶洼地较差。

通过资料调研，并结合前人的研究工作，认为采用"印模法"相对更准确。从灯影组之后，连续沉积了筇竹寺组，整个地区沉积都比较稳定，沧浪铺组底界可以看作一个很好的等时界面，同时距离待恢复层比较近，从井上对比上来看，灯影组岩溶储层厚度和筇竹寺组反向相关；其次从地震反射特征和层位地震解释方面来说，紧邻筇竹寺组顶部和沧浪铺组下部石灰岩在地震剖面上为一个连续的强波谷反射，全区易于对比追踪，层位解释可靠性高。最终，通过地层和地震资料分析研究，选择筇竹寺组的顶界，使用"印模法"来进行灯影组沉积后古地貌的刻画。

古地貌图中，红色区域为古地貌较高区域，蓝绿色区域为古地貌岩溶洼地。古地貌预测结果和已钻井岩溶储层符合较好：表层岩溶发育区主要集中在古地貌高地和斜坡区，如 GS8 井、GS103 井和 GS108 井储层发育，试气产量高；古地貌洼地岩溶不发育的如 GS19、GS109 等井，储层厚度薄物性差、产能低（图 7-1-10）。

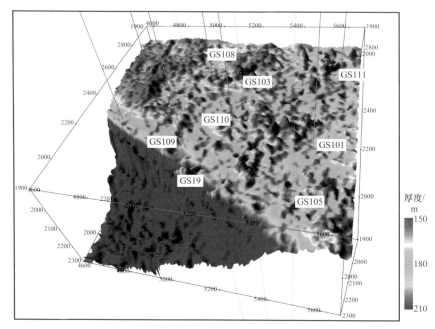

图 7-1-10　灯影组沉积后古地貌预测图

2）高产井地震模式关键因素分析

基于灯影组气藏储层、含气性等地震研究，结合钻井的动、静态资料，不断完善，综合分析高产井影响因素，从剖面特征、预测属性、构造特征及地质因素等多方面考虑，建立了高产井地震响应模式，并对研究区内所有钻井进行分析，充分验证模式的准确性（图 7-1-11）。

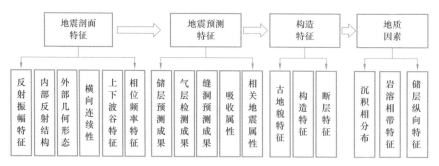

图 7-1-11　高产井关键因素及地震模式分析技术思路

通过影响高产井地震模式主要因素分析，总结提出了灯四段上部气藏的两种高产井模式：

（1）弱振幅散珠状"体模式"+优质储层发育+丘滩岩溶相。

弱振幅散珠"体模式"反射特征变化大，振幅相对较弱，表现为不规则散珠—断蚯蚓状特点；通常内部为杂乱反射结构，丘型外部形态；处于丘滩岩溶相，古地貌相对高，岩溶作用强，优质储层物性好；其分布多与断层有关，具有"体"模式分布特征。

（2）低频中振幅弱连续叠瓦状"层模式"+优质储层发育+丘滩岩溶相。

主要表现为振幅较强、频率较低、反射轴呈错断—叠瓦片状特征；通常上下为弱—杂乱反射，反射波谷较宽，两侧延伸反射成层性变好；处于丘滩岩溶相，古地貌相对高，岩溶作用强，优质储层纵向厚度大、物性好；其分布多受局部构造高控制，平面上呈"片状"分布特征。

除此以外，还包括低效井和微气井两种地震模式。

（3）中—低产气井地震模式+小面积优质储层发育+丘滩岩溶相。

在井点目的层段的地震特征总体上与高产井模式区别不大，但平面上分布范围很小，两侧突然变差，另外，下部反射较连续或比较规则。

（4）均质微气井地震模式+优质储层不发育+滩间海岩溶相。

在地震剖面上主要表现为强振幅光滑连续、空白—杂乱反射共两种类型的稳定反射，共同指示反映出滩间海相、岩溶作用弱、相对稳定均质的地层，储层厚度小、物性差。

高产井地震模式高—磨地区应用效果良好。完钻并测试的井种，高产井模式符合率达到96%。

3）有利区优选

根据研究区优质储层地震预测结果，结合构造、古地貌、地震相、沉积相分析等研究成果，依据以下条件对灯四段上部储层进行综合评价分类，分为Ⅰ类有利区、Ⅱ类有利区及Ⅲ类不利区，开展井位建议和部署。

（1）优质储层预测有利区：选取地震预测岩溶储层厚度大、物性好，地震相波形相对有利的含气富集区。

（2）丘滩岩溶相带：选取预测丘滩较发育、有利于后期风化壳岩溶改造的区带。

（3）裂缝发育区：选取预测储层裂缝发育带。

（4）剖面反射特征：选取地震剖面上具有高产井地震响应模式、振幅横向变化大，视频率低的区带。

（5）古地貌及构造高：选取古地貌高和斜坡区、岩溶作用强烈、局部构造高带区。

三、应用效果

技术系列应用效果主要体现在三个方面。一是通过深层地震资料分析和目标处理，提高了地震资料品质，引起石油地球物理界对层间多次波的影响和压制技术、川中深层地震资料的关注。二是基于新地震资料和钻井地质的综合分析，首次提出了灯影组内幕存在具有"串珠"反射特征的小型洞穴储层的认识，在灯四段下亚段和灯二段发现了大量"弱串珠"反射，有望形成小而富气藏，为高—磨地区指出了重要勘探方向。三是在提高地震资料保真度、构造、储层和含气性预测精度的基础上，对生产部署的开发井位进行评价和跟踪，提出井位建议和井轨设计方案，协助完成水平优化调整，提高开发井的实施的效果。

1.引起业界对多次波的关注和对川中深层地震资料再认识

在前人关于深层存在多次波认识的指导下，开展弱信号恢复以及多次波压制处理后，地震剖面品质大幅提高，井震匹配程度提高了 30%。一方面，验证了川中深层地震资料中存在较强能量多次波干扰的认识，显示出当前地震资料的处理潜力和开展目标处理的必要性，已经引起处理、解释、地质人员对多次波问题和技术的注意，开始改变以往川中深层地震资料品质高的传统观点，启动了老地震资料的重新评价和认识。同时，也初步说明处理思路及技术有效性，对今后川中地震深层地震资料处理具有一定的借鉴意义。

2. 发现并提出灯影组内幕洞穴气藏认识和勘探开发建议

通过地震资料和钻井地质综合分析，首次提出了灯影组内幕存在具有"串珠"反射特征的小型洞穴储层的认识。

以往，普遍认为灯影组内幕优质储层不发育、且地震剖面上无法进行识别，限制了对灯影组内幕的地质深化研究和勘探开发。如图 7-1-12（a）为以往地震剖面，灯四段和灯二段中部黄色箭头所指的强能量连续反射，和已钻井合成地震记录不符说明为强能量干扰，对弱的有效信号形成严重的屏蔽效应，GS7 井旁箭头所指为钻井漏失的位置，测井解释 5250.0～5251.0m 发育 0.9m 的小型洞穴，在该地震剖面上对应微弱的地震波峰反射，远小于周围背景能量，无法识别。

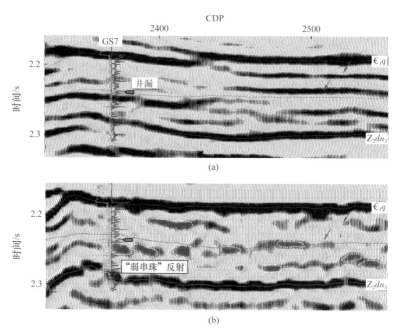

图 7-1-12　过 GS7 井以往处理（a）和新处理（b）地震剖面对比图

通过针对弱信号恢复和多次波压制目标处理后，地震剖面成像质量和保真程度都有大幅提高，首次在灯影组内幕发现一定数量的珠状反射。新的地震剖面上，在灯影组顶部、灯三段底部、灯影组底部三个标志层清楚成像的同时，灯影组内幕具有断续、弱能量的地震反射特征。GS7 井小型洞穴位置附近出现较强能量的"串珠"反射，且对应"串珠"地震反射的顶部，说明从地震剖面上能够有效反映出灯影组内幕优质储层所具有的弱地震反射特征。

相对于塔里木盆地大规模的溶洞（洞穴高度多介于 10~30m）碳酸盐岩储层的"串珠状"强反射的特征，高石梯地区灯影组内幕优质储层溶蚀孔洞规模相对较小，主要为单个波峰反射、反射能量较弱、纵向规模小，很容易被地震资料的噪声掩盖，本书称之为隐蔽型"珠状"反射特征。

结合钻井中井漏、放空和常规测井资料，综合研究发现，安岳气田灯影组内幕储层可见到大量的溶洞、溶沟。根据 GS1 井区灯四段岩心统计，小洞占比为 78.9%、中洞占比为 13.9%、大洞占比为 7.2%。岩心可见最大溶洞的洞径可达岩心直径，2~10cm 溶洞常见。以上统计表明，在以中—小溶洞为主的背景下，局部发育较大尺寸的洞穴，个别洞穴可达数米级尺度，灯影组内幕存在局部范围小型溶洞系统的优质储层，并且具有一定的普遍性。

其次，利用新地震资料对内幕洞穴储层进行预测，预测结果得到了已知井生产动态很好的验证，平面上岩溶洞穴特征明显，进一步显示出洞穴储层潜在的勘探开发潜力。

图 7-1-13 为高石梯地区灯四段内幕洞穴储层预测图。其中，GS7 井灯四段下亚段洞穴发育，有两个直径近 1m 的大洞，钻井有放空和井漏显示为研究区尺度较大的洞穴储层，试气时高产，日产气 $105.6 \times 10^4 m^3$；投入开发生产后，压力高、下降慢，生产稳定，自 2016 年投产，截至 2020 年 12 月，当前按日产气 $20 \times 10^4 m^3$ 生产，井口油压 25.73MPa，已累计产气 $2.5 \times 10^8 m^3$，说明洞穴整体连通且规模大。图 7-1-13 中预测 GS7 井处于规模较大岩溶洞穴边部，洞穴横向连通成片，因此生产潜力大，预测结果和生产情况完全一致。GS109 井钻进至灯四段下亚段井深 5628.57m 发生井漏，漏速平均 $7.2m^3/h$，累计漏失钻井液 $600.4m^3$，5635.1~5644.6m 测井解释孔隙度 1.5%~8.2%，试气日产气 $14.35 \times 10^4 m^3$，油压 37.3MPa，未生产。GS109 井洞穴厚度大于 GS7 井，但试气产量远小于 GS7 井，说明洞穴整体规模小。图 7-1-13 中预测结果显示 GS19 井井底正处于相对孤立的小洞穴附近位置上，洞穴空间规模符合其试气结果和储层认识。

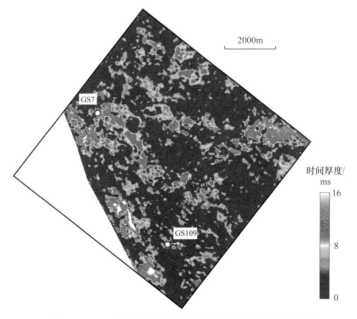

图 7-1-13　高石梯地区灯四段内幕洞穴储层预测图

地震预测洞穴平面上，点状、珠状特征明显，岩溶发育规律清晰。整体上，岩溶体横向规模不大，大部分珠状直径小于250m。同时，局部地区岩溶作用强烈，珠状岩溶横向连通性好、平面复合连片，形成有利岩溶发育带，最大优质储层展布范围达到1500m，说明局部形成了一定规模的小型缝洞体，有望形成一定数量、规模分布的小而富气藏，勘探开发潜力大，可成为川中地区天然气勘探和开发新领域。

3. 勘探和开发应用

1）指导开发评价井部署

高产井响应模式和储层预测成果应用于安岳气田GS1井区灯四段气藏后，圈定了有利区面积450km²，完成有利区评价图11张，对生产部署的开发井位进行评价和跟踪，建议10口开发井位。截至2018年底，高石梯地区GS001-H20、GS001-X21等五口开发井陆续完钻测试，平均测试日产气64.3×10⁴m³，工业气井比例达到100%，五口井全部落在预测有利区内，有利区内井轨长度与试气量成正相关，证实了研究成果的可靠性，为高石梯地区灯四段气藏储量提交与动用、开发方案部署提供了重要的技术支撑。

图7-1-14为GS001-X34井孔隙度曲线（图中井轨上的红色曲线）和新地震剖面及储层反演结果对比，新钻井在风化壳下解释的孔隙度大于6%的优质储层厚度20m，录井5311.5~5312.0m井段漏失5.7m³，成像测井显示存在高1.5m的岩溶洞穴。最终该井试气日产气70.2×10⁴m³，为典型的高产井。过井地震剖面上具有很好的高产井模式，地震反演优质储层发育，厚度和测井解释结果非常吻合。由此证明，深层弱信号保真处理技术改善了地震资料品质，储层预测提高了优质储层预测精度，提高了高产井的成功率。

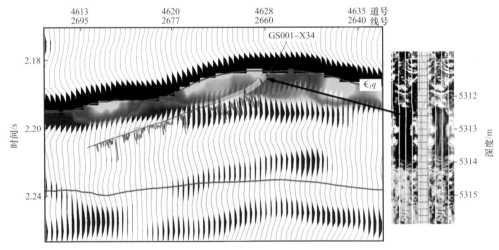

图7-1-14 过后验井的地震和波阻抗反演剖面图

2）现场井轨设计和优化调整应用

灯影组气藏总体集中在顶部发育，储层类型多样、非均质性强，前期探井开发效果不理想，西南油气田（韩慧芬，2017）通过井型优化，确定灯四段开发井型以斜井为主，局部优质储层或缝洞集中发育区域采用水平井提高单井产量，同时，利用部分探井，灯四段气藏形成了斜井＋直井＋水平井开采方式。

水平井的设计和实施，除了井点位置的选择之外，井轨优化设计也十分重要。设计井轨要尽可能通过最大厚度的优质储层，有效提高缝洞储层钻遇率，增大气藏动用面积。在导眼井完钻之后，在水平段钻进过程中，减少钻遇致密层和避免进入硅质层，还需要对钻井过程进行实时跟踪、卡准储层、科学调整钻进方向，以提高单井产能。

根据新地震资料、缝洞识别等地震研究成果，预测沿井轨迹储层发育变化的情况，找出主要的缝洞体分布位置，支撑了气矿高石梯区块两口大位移水平井的井眼轨迹优化设计和现场跟踪调整工作，提高了优质储层钻遇率，取得了好的地质效果。

2021 年 9 月，滚动勘探开发水平井高石 103–C1 井完钻。该井完钻井深 6385m，水平段长 1073m，在目的层钻进过程中油气显示频繁，录井显示好。（1）5497.91～5498.07m 白云岩气层，录井显示放空、井漏，总漏失密度 1.08～1.23g/cm³ 钻井液 1208.2m³。（2）6120.00～6127.00m 白云岩气层，录井显示放空、井漏；钻遇钻压放空，放空井段 6125.88～6127.10m，该段累计漏失密度 1.10～1.13g/cm³ 钻井液 210.6m³。（3）6176.00～6180.00m 气层，录井显示放空、井漏，钻遇钻压放空，放空井段 6176.87～6178.11m，该段累计漏失密度 1.10～1.15g/cm³ 钻井液 461.9m³，密度 1.15g/cm³ 钻井液 718.8m³。该井灯四段录井解释气层 4 段，累计段长 389.6m；裂缝气层 2 段，累计段长 272.5m；裂缝含气层 1 段，累计段长 82m；差气层 3 段，累计段长 262m。最终，灯四段测试获日产气 $101.78 \times 10^4 m^3$、无阻流量 $157.72 \times 10^4 m^3$ 的高产气流，是原井眼 GS103 井灯四段测试日产量 $15.651 \times 10^4 m^3$ 的 6.5 倍以上，成为震旦系灯四段台内第三口百万立方米气井。

图 7–1–15 为过原井眼 GS103 和侧钻水平井 GS103–C1 的地震、优质储层、裂缝预测剖面图，图中井轨上的颜色标注了储层的位置，黄色为气层，橘色为差气层，红色箭头标注出了三个放空井漏的位置。图中可见，气层位置在新的地震剖面上高产井特征明显，预测优质储层与实钻十分吻合，三个优质储层段全部处于预测优质储层范围之内；裂缝检测平面图显示该井位于断层附近，发育两个裂缝发育带，录井解释的裂缝气层正处于两个裂缝发育带之间，准确对应录井显示的两个放空、井漏井段。

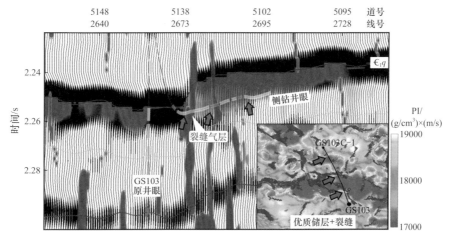

图 7–1–15　过水平井的优质储层、裂缝预测剖面图

第二节　哈拉哈塘地区缝洞型碳酸盐岩油藏地震勘探实例

一、概况与需求

哈拉哈塘地区位于塔里木盆地塔北隆起中部（图7-2-1），北为轮台凸起，南邻北部坳陷，西接英买力低凸起，东为轮南低凸起，面积约4000km²。塔北隆起是一个长期继承性发育、晚期深埋于库车新生代山前坳陷之下的前侏罗纪古隆起，其演化历史大致可划分为前震旦纪基底形成阶段、震旦纪—泥盆纪古隆起形成阶段、石炭纪—三叠纪断裂与断隆发育阶段、侏罗纪—古近纪稳定沉降发展阶段，以及新近纪—第四纪整体快速沉降发展阶段共五期演化过程。塔北隆起自西向东可进一步划分为南喀—英买力低凸起、轮台凸起、哈拉哈塘凹陷、轮南低凸起、草湖凹陷、库尔勒鼻状凸起共六个二级构造单元。

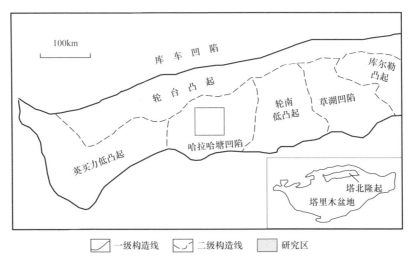

图 7-2-1　塔里木盆地塔北隆起构造单元划分及哈拉哈塘位置图

塔北隆起位于库车坳陷和北部坳陷之间，是一个富集海、陆相油气区域。陆相原油主要分布在轮台凸起以及英买力低凸起北缘，陆相油气主要来自库车坳陷三叠系—侏罗系湖沼相泥岩。海相原油主要聚集在轮南低凸起、英买1—英买2、环哈拉哈塘凹陷及其周缘，油气主要来自北部坳陷奥陶系海相烃源岩。哈拉哈塘周缘以油为主，其中，在哈拉哈塘凹陷东缘发现了两个亿吨级油气田（塔河油田和哈得逊油田），落实三级油气储量逾 $20 \times 10^9 t$。

哈拉哈塘地区发育震旦系—泥盆系海相沉积地层、石炭系—二叠系海陆交互相沉积地层和中新生界陆相沉积地层。自上而下为新生界第四系、新近系和古近系，中生界白垩系、侏罗系、三叠系，古生界二叠系、石炭系、泥盆系、志留系、奥陶系。其中北部缺失上白垩统、中—上侏罗统、上二叠统、中—上志留统、上奥陶统桑塔木组等。奥陶系可细分为上统桑塔木组（O_3s）、良里塔格组（O_3l）及吐木休克组（O_3t），中统一间房组（O_2y），中—下统鹰山组（$O_{1-2}y$），下统蓬莱坝组（图7-2-2）。

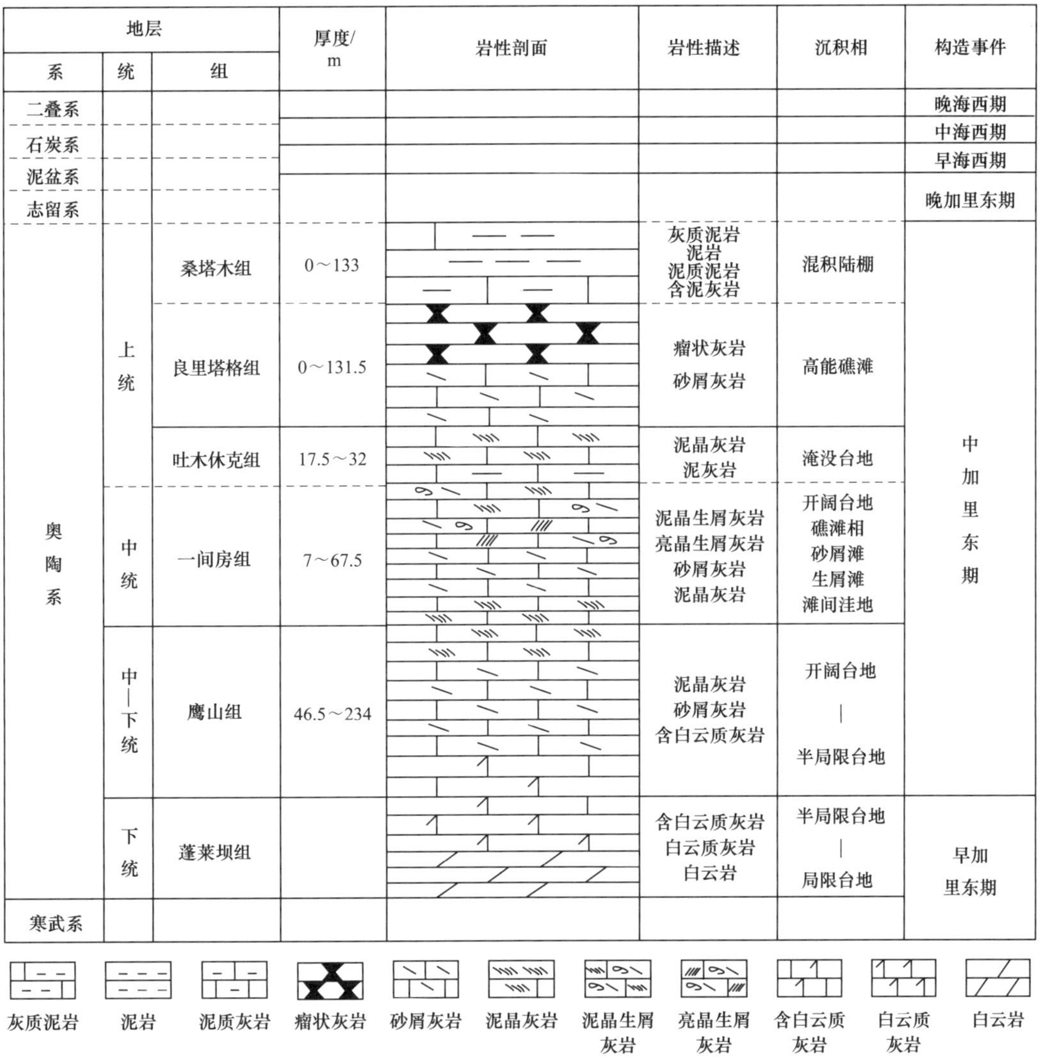

地层			厚度/m	岩性剖面	岩性描述	沉积相	构造事件
系	统	组					
二叠系							晚海西期
石炭系							中海西期
泥盆系							早海西期
志留系							晚加里东期
奥陶系	上统	桑塔木组	0~133		灰质泥岩 泥岩 泥质泥岩 含泥灰岩	混积陆棚	中加里东期
		良里塔格组	0~131.5		瘤状灰岩 砂屑灰岩	高能礁滩	
	中统	吐木休克组	17.5~32		泥晶灰岩 泥灰岩	淹没台地	
		一间房组	7~67.5		泥晶生屑灰岩 亮晶生屑灰岩 砂屑灰岩 泥晶灰岩	开阔台地 礁滩相 砂屑滩 生屑滩 滩间洼地	
	中—下统	鹰山组	46.5~234		泥晶灰岩 砂屑灰岩 含白云质灰岩	开阔台地 — 半局限台地	
	下统	蓬莱坝组			含白云质灰岩 白云质灰岩 白云岩	半局限台地 — 局限台地	早加里东期
寒武系							

| 灰质泥岩 | 泥岩 | 泥质灰岩 | 瘤状灰岩 | 砂屑灰岩 | 泥晶灰岩 | 泥晶生屑灰岩 | 亮晶生屑灰岩 | 含白云质灰岩 | 白云质灰岩 | 白云岩 |

图 7-2-2　哈拉哈塘地区奥陶系地层柱状图（据高计县等，2012）

中奥陶统一间房组—鹰山组 1 段上部地层是目前发现的主要含油层系，为风化壳岩溶储集层。上奥陶统桑塔木组、良里塔格组、吐木休克组整体由南向北依次剥蚀尖灭，最北部为志留系柯坪塔格组直接覆盖于奥陶系一间房组之上。

哈拉哈塘发育演化受加里东期至喜马拉雅期多期构造事件的叠合作用。具体可划分为以下五个主要阶段：前加里东期为基底发育阶段，晚加里东—早海西期为稳定抬升剥蚀期，海西中期为轮南古隆起发育期，晚海西—印支期为持续挤压抬升期，燕山—喜马拉雅期为调整定型期。

塔北地区自早奥陶世蓬莱坝组沉积期开始至晚奥陶世桑塔木组沉积期，总体上经历了半局限台地相—开阔台地相—台地边缘相—台缘斜坡相—混积浅水陆棚相的演化。哈拉哈塘地区早—中奥陶世鹰山组沉积期以开阔台地滩间海沉积为主，间夹台内砂屑滩沉积，横向展布稳定；至中奥陶世一间房组沉积期海水变浅，沉积相演变为开阔台地台内浅滩夹生物点礁沉积，横向展布稳定，滩体时常暴露，形成层间不整合岩溶孔洞层，为奥陶系优质储层段；晚奥陶世吐木休克组沉积期海水区域性变深，沉积了一套较深水的沉积台地—斜坡相泥晶灰岩和泥灰岩，横向分布稳定；良里塔格组沉积期沉积相为台地边缘相，早—中期为台地边缘台缘洼地瘤状灰岩沉积，晚期为台缘滩砂屑灰岩沉积。

该地区的油气勘探自 1990 年开始，经过长达 20 年的艰难探索，最终取得勘探开发战略性突破，形成具有 5×10^8t 储量规模、200×10^4t 产能潜力的大型油田。其勘探开发历程可分为以下三个阶段。（1）构造勘探阶段：1990—2000 年勘探初期，针对二维地震资料解释的构造圈闭，先后钻探了多口预探井，均未获得突破。（2）风险勘探阶段：2006 年初，随着塔中礁滩复合体大油气田的发现，按照"礁滩体"的认识，钻了 H6 风险探井。区域地层对比表明，该区发育巨厚的碳酸盐岩台地，认为上奥陶统发育多期不整合，具备岩溶储层发育条件。（3）预探突破，整体开发阶段：2007 年，针对塔北碳酸盐岩富油气区整体部署三维地震、分步实施。预探井 H7 井首先于 2009 年 2 月 2 日获得高产工业油流，成为哈拉哈塘大油田的发现井。随后，多口探井相继获得高产油流，哈拉哈塘地区石油勘探取得重大突破。随后，按照整体部署、分步实施的思路，哈拉哈塘地区进入勘探开发一体化、全面建设大油田的新阶段。

哈拉哈塘地区奥陶系一间房组和鹰山组鹰一段整体含油，为一准层状油藏，但由于碳酸盐岩储层的复杂性和特殊性，在勘探开发中仍面临许多急需解决的难题，主要表现在两个方面：

（1）碳酸盐岩油藏以裂缝、裂缝孔洞、洞穴型储层为主，储层纵横向非均质性很强，储层预测精度更高；

（2）缝洞型油藏埋深大、油水识别困难，缝洞体内部油水分布关系不清。工区内目的层埋深大多超过 6500m，资料信噪比低，同时因油、水密度差异小造成油水识别困难。这也是导致完钻井中部分井只产水、部分井油水同出的主要原因。因此，如何有效刻画缝洞型储层及其内部的油水分布状态是迫切需要解决的关键技术难题。

二、处理与解释技术

"十一五"期间，哈拉哈塘地区在碳酸盐岩岩溶缝洞体定量雕刻技术方面取得了长足的进步，经过几年的研究，形成了碳酸盐岩缝洞储层定量雕刻技术，实现了碳酸盐岩储层的有效描述，对储量计算和井位设计提供了有效支撑。

对具有一定规模的大型缝洞系统，由于缝洞内充填的岩石和油气水与围岩速度差异大，在考虑其顶底多次复合反射时，通过全方位高密度三维地震资料采集和处理，在高精度三维地震数据体上往往形成强能量的"串珠状"反射。图 7-2-3 为哈拉哈塘地区中奥陶统一间房组岩溶灰岩储层地震剖面图，油气显示和高产层在风化壳底面下 50m 以内。地震剖面上，此类"串珠状"反射外形独特、能量远高于周围背景弱反射，很容易加以识别；平面上特征也比较明显，以孤立散点状为主，往往横向规模不大。对于此类大型岩溶孔洞，其难点已不再是通过地震去发现，而是分辨不同"串珠"反射之间的细微差别，通过缝洞单元定量化雕刻和油水预测，优选体积大、富含油气的缝洞体，实现高产稳产。

"十二五"期间，在岩溶缝洞储层油水检测和油水分布定量描述方面进行了攻关研究，形成了基于道集 AVO 特征和基于频谱分解特征的油水检测方法和相应的油水分布定量化描述方法，在生产实践中取得了良好的应用效果。

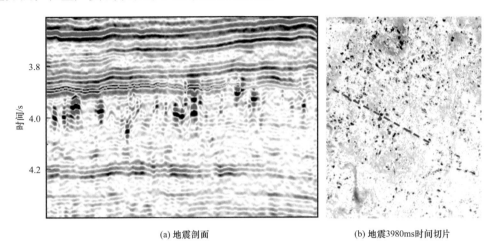

(a) 地震剖面　　　　　　　　　　　　　　(b) 地震3980ms时间切片

图 7-2-3　哈拉哈塘地区岩溶缝洞地震响应特征图

1. 基于道集 AVO 特征的油水检测

AVO 在碎屑岩储层的岩性识别和烃类检测中有大量成功应用的实例，但在碳酸盐岩烃类检测中的应用实例较少。Ikawa 等（2008）利用 AVO 反演实现了中东地区下白垩统碳酸盐岩储层的流体检测，认为 AVO 反演得到的弹性参数能够区分油气水。Mahmound 等（2009）通过实验研究表明，AVO 特征可以区分碳酸盐岩储层中的油和水，但不能区分油和气。

现有基于 AVO 分析的碳酸盐岩储层烃类检测技术很少涉及缝洞型岩溶储层的烃类检测。根据文献调研结果，裂缝的存在会显著改变不同流体类型对碳酸盐岩储层岩石物理参数的影响。为深入研究流体对缝洞型碳酸盐岩储层岩石物理参数和地震响应特征的影响，采用含裂缝的等效介质模型研究了裂缝、不同类型流体对碳酸盐岩岩石物理参数的影响，结果表明：对于含裂缝碳酸盐岩储层，油饱和与水饱和情况下的纵横波速度比 v_p/v_s 会发生显著变化，当孔隙度为 20% 时，油饱和情况下缝洞型碳酸盐岩的 v_p/v_s 与水饱和情况下的 v_p/v_s 的差异可达 10.3%，从而引起 AVO 响应特征的显著变化。

图 7-2-4（a）和（b）分别是不含裂缝与含裂缝碳酸盐岩储层的 v_p/v_s 随孔隙度和流体类型的变化关系。可见，不含裂缝时，油饱和与水饱和碳酸盐岩储层的 v_p/v_s 的差异不大，但当含有裂缝时，油饱和与水饱和碳酸盐岩储层的 v_p/v_s 会产生显著差异（当孔隙度为 20% 时，该差异可达 12%），从而引起道集 AVO 特征的显著变化。正演模拟结果表明，对于哈拉哈塘地区的缝洞型岩溶储层，在油饱和的条件下，AVO 特征表现为振幅随入射角增大而增大；在水饱和的条件下，AVO 特征表现为振幅随入射角增加而减小。这一点是利用道集 AVO 特征进行哈拉哈塘地区缝洞型岩溶储层油水检测的理论基础。

在含裂缝碳酸盐岩储层岩石物理建模分析的基础上，建立了孔隙度和饱和度对碳酸盐岩储层岩石物理参数影响的岩石物理模板，如图 7-2-5 所示。

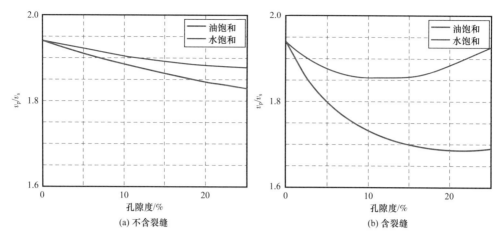

(a) 不含裂缝   (b) 含裂缝

图 7-2-4　不同介质的 v_p/v_s 随孔隙度和流体类型变化图

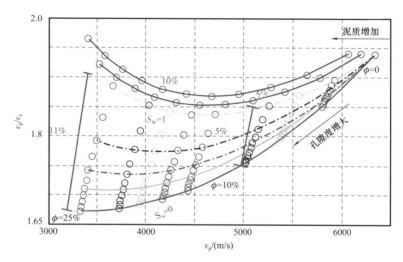

图 7-2-5　含 0.7% 裂缝碳酸盐岩储层孔隙度、饱和度、泥质含量岩石物理模板

2. 基于频谱分解的烃类检测

谱分解技术（Spectral Decomposition）是地震勘探中一项广泛应用的处理和解释技术，它将地震数据由时间域变换到时频域，利用不同频率数据体反映各种地质异常体敏感程度的差异，定量表征地层厚度变化、刻画地质异常体的不连续性，并能在一定程度上克服地震资料分辨率的限制。谱分解技术不仅可以提高对薄储层的解释能力，还能够从地震数据体中提取更丰富的地质信息，提高对特殊地质体的解释识别能力。因此，谱分解技术的研究在复杂储层预测和岩性油气藏勘探中具有重要的作用。谱分解技术最早是由美国 Amoco 石油公司 Partyka 等提出的，他们采用短时傅里叶变换的方法得到地震道的时频谱，并利用对应于不同频率的数据体进行河道预测，其理论基础是 Widess（1973）提出的利用地震振幅信息定量研究储层厚度的方法，即地层厚度达到调谐厚度时反射振幅达到最大值。Castagna 等（2003）和 Sinha 等（2005）分别提出了基于小波变换和基于时频小波变换的谱分解技术，并应用到油气检测中。目前已有谱分解技术中采用的算法大致

可分为：短时傅里叶变换、最大熵谱分析、小波变换、时频小波变换、S 变换、匹配追踪（Matching pursuit）和 Cohen 类时频分布等。其中，基于小波变换的谱分解技术的算法在实际中较为常用。

谱分解技术的核心思想是薄层反射的频谱特征可以指示薄层的时间厚度。这是因为薄层反射信号的振幅谱上会形成一系列周期陷波频率，陷波周期反映薄层厚度变化，而相位谱的局部变化反映地层横向不连续性。地震道的长时窗傅里叶变换和短时窗傅里叶变换有显著区别，长时窗傅里叶变换反映子波振幅谱的特征，而短时窗傅里叶变换是子波振幅谱和短时窗内薄层调谐造成的干扰模式的叠加。薄层厚度决定振幅谱陷波频率的周期，因此，从短时窗傅里叶变换的振幅谱特征可以获得关于薄层的信息。

基于短时傅里叶变换的谱分解算法的计算公式为

$$\text{STFT}(f,\tau) = \int_{-\infty}^{+\infty} s(t), \phi^*(t-\tau) e^{-j2\pi f} dt \qquad （7-2-1）$$

式中　$s(t)$——原信号；

　　　f——频率；

　　　τ——时移；

　　　ϕ^*——窗函数的共轭；

　　　t——窗函数的中心时刻。

基于短时傅里叶变换的谱分解方法的缺点是窗长对谱分解技术算法的分辨率影响很大，很难在窗长和时频分辨率间做出折中。

地震谱分解技术的理论基础是地震信号的时频分析，因此，现代信号处理中的时频分析技术对谱分解技术有巨大的促进和指导作用。目前已有的谱分解技术大多是利用短时傅里叶变换（STFT）和小波变换（WT），这两种方法的原理是计算信号同基函数的互相关（在短时傅里叶变换中该基函数是加窗后的正余弦函数，在小波变换中基函数是进行尺度伸缩和时间移位变换后的小波母函数）。受不确定原理的限制（窗函数或小波函数无法同时在时间和频率达到较高的分辨率），短时傅里叶变换的时频分辨率较低，而小波变换具有恒 Q 性质，即在低频段有较高的频率分辨率，在高频段有较高的时间分辨率，但它在低频段的时间分辨率往往会很低，影响实际应用效果。此外，小波变换是一种时间尺度变换，时间尺度和频率的联系并不直接，取决于选取的小波函数。因此，小波变换不能直接表征信号的时频域特征。

与这类基于互相关的时频分布不同的是，Cohen 类时频分布直接表征信号在二维时频面上的能量分布。与目前常用的短时傅里叶变换和小波变换方法相比，Cohen 类时频分布具有更高的时频聚集性，即高的时频分辨率。这一特点对地震信号的时频分析具有重要意义，因为高的时频分辨率表明算法能够更好地表征薄层的信息。

Wigner-ville 分布（简称 WV 分布）是一种形式简单的 Cohen 类双线性时频分布，并且具有时频能量聚集性、时间边缘性质和频率边缘性质等。信号 $x(t)$ 的 WV 分布定义为

$$WD_x(t,f) = \int_{-\infty}^{+\infty} x\left(t+\frac{\tau}{2}\right) x^*\left(t-\frac{\tau}{2}\right) e^{-j2\pi f\tau} d\tau \qquad （7-2-2）$$

WV 分布的缺点是对于多分量信号，其 WV 分布会产生交叉项。在实际当中主要通过设计核函数来抑制交叉项的影响，用核函数对 WV 分布进行平滑处理后的 WV 分布称为平滑伪 WV 分布，简称平滑 WV 分布。

$$\text{SPWD}(t,f) = \int_{-\infty}^{+\infty}\int_{-\infty}^{+\infty} \phi(u,v)WD_x(t-u,f-v)\,dudv \quad （7-2-3）$$

式中　$\phi(u,v)$——二维窗函数，它是一个二维低通滤波器，如可分解的二维高斯函数。

Castagna 等（2003）利用基于小波变换的瞬时谱分析技术进行油气检测认为，厚度较大或未压实的气藏会造成异常高的衰减量，基于这种技术，成功检测出气藏引起的频谱异常，结果如图 7-2-6 所示，在低频（10Hz）剖面中，在气藏之下存在显著的低频异常，但在高频（30Hz）剖面中，在气藏下方无低频异常区。

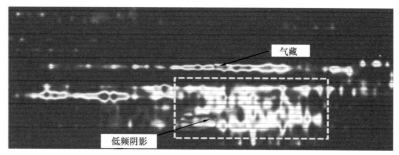

(a) 10Hz分频，气藏之下存在低频阴影

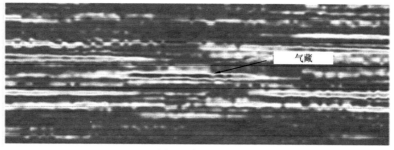

(b) 30Hz分频，气藏下方低频异常消失

图 7-2-6　谱分解剖面（据 Castagna 等，2003）

三、应用效果

1. AVO 油水检测技术的应用效果分析

从 2010 年 9 月—2012 年 9 月，应用基于道集 AVO 特征的烃类检测技术在哈拉哈塘地区共完成七个批次 125 口井的钻前油水检测，截至 2013 年 11 月 8 日，共完钻 82 口，经试油和生产情况检验，油水预测总符合率为 78%。详细信息见表 7-2-1。

完成钻前油水预测的 125 口钻井中，H6 区块有 102 口、新垦区块有 11 口、热瓦谱区块有 12 口。AVO 油水检测技术的符合率在各个区块有所不同，H6 区块为 80%、新垦区块为 75%、热瓦谱区块为 60%。

表 7-2-1　AVO 油水预测实际应用效果统计表

批次	日期	井数 /口	符合 /口	不符合 /口	AVO 技术不适用 /口	正钻 /口	未上钻 /口
1	2010 年 9 月	19	15	4	0	0	0
2	2010 年 12 月	33	14	3	0	2	14
3	2011 年 6 月	4	1	0	1	1	1
4	2011 年 9 月	14	3	1	1	3	6
5	2012 年 3 月	24	0	1	0	9	14
6	2012 年 5 月	20	0	0	0	9	11
7	2012 年 9 月	11	0	0	0	1	10
合计		125	33	9	2	25	56

钻前油水预测的 125 口钻井中，预测为大储集体（雕刻体积大于 $20 \times 10^4 m^3$）油井的 12 口井当中，11 口获得高产，其中 5 口井累计产油超过 $2 \times 10^4 t$，5 口井累计产油超过 $1 \times 10^4 t$。

以 H15-11 井为例为说明 AVO 油水预测技术在 H6 区块的实际应用效果。

图 7-2-7 和图 7-2-8 是 2012 年 3 月 9 日提交的 H15-5 井的钻前油水预测结果。从当时的预测结果可见，H15-5 井储层顶面的振幅随入射角增大而显著增加，表现为典型的油井 AVO 特征。

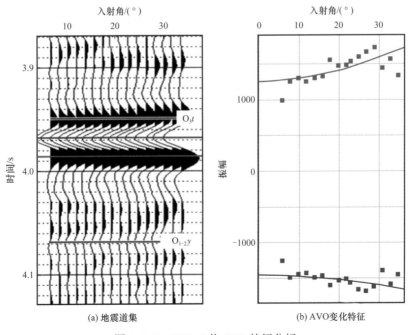

(a) 地震道集　　　　　　(b) AVO 变化特征

图 7-2-7　H15-5 井 AVO 特征分析

从反演结果看，该井的储集体发育规模大、物性好，具有高产油井的特征（图7-2-8）。从AVO油水检测的平面预测结果来看，H15-5井周围的AVO正异常较明显，且面积较大，而负异常很弱。该井于2013年5月6日完钻，完钻层位为鹰山组，钻揭石灰岩60m，奥陶系气测显示很差，全烃最高只达到2.55%，无放空和漏失，测井解释6m的Ⅱ类孔洞型储层。该井经酸压后获得高产油流，于2013年5月27日投产，截至2013年12月9日累计产油1.25×10^4t，累计产水200t。

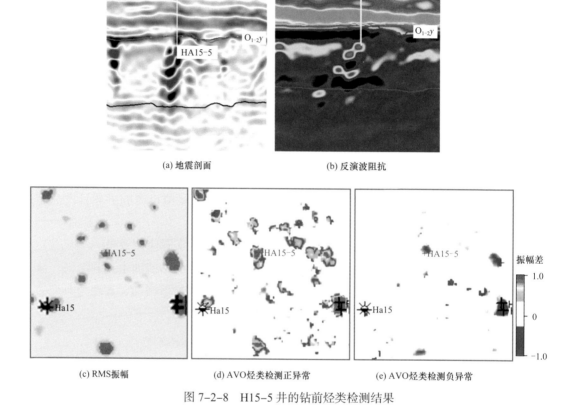

(a) 地震剖面　　　　　　　　　　(b) 反演波阻抗

(c) RMS振幅　　　(d) AVO烃类检测正异常　　　(e) AVO烃类检测负异常

图7-2-8　H15-5井的钻前烃类检测结果

基于实际钻井和开发数据的统计结果表明，在H6区块，基于道集AVO特征的缝洞型岩溶储层油水检测技术对典型油井预测的符合率大于90%。基于道集AVO的油水检测技术在哈拉哈塘地区对典型水井的识别正确率也较高，大于85%。对于油水同出型钻井，目前基于道集AVO特征的油水检测技术的应用效果相对一般。

2. 基于频谱分解的油水检测技术的应用效果分析

H6区块典型高产油井H7井的频谱分解响应特征如图7-2-9所示，该井是哈拉哈塘地区的一口发现井，累计产油超过3.5×10^4t。图中可见，典型油井具有明显的低频阴影特征，在油洞下方，低频能量显著强于高频能量，因此，在低频与高频的残差剖面上，溶洞下方面表现出明显的正差异，即低频阴影。

典型水井H6C的频谱分解响应特征如图7-2-10所示，该井在测试过程中累计产水超过 900t，基本不产油。图中可见，在 H6C 井的含水溶洞储层下方无明显的低频能量增强现象，相反，低频能量反而弱于高频能量，在低频与高频的残差剖面上，出现了负异常，即高频能量的异常。

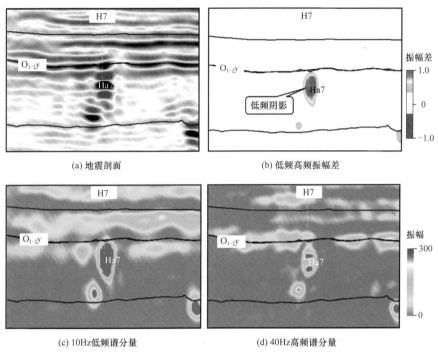

图 7-2-9 典型油井（H7 井）的频谱分解响应特征

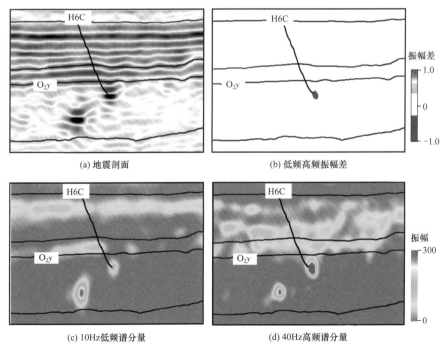

图 7-2-10 典型水井（H6C）的频谱分解响应特征

通常来说，含水饱和溶洞对应的低频能量和高频能量无显著差异，因此，在低频与高频的残差剖面上，通常表现无显著异常或表现为高频异常，这是作为识别本区水井的一个频谱分解特征。将这一特征与 AVO 特征相结合，可以提高对高产油井和水井识别的正确率，即溶洞同时表现出振幅随入射角增大而增加的 AVO 特征以及低频阴影特征，从而可以更可靠地判别为高产油井，否则就认为不具备高产油井的特征。

在基于频谱分解特征进行油水检测的基础上，还可以进行油水分布的定量化描述。从图 7-2-10 中可见，哈拉哈塘地区典型油井的含油储层段表现为明显的低频异常特征，在低频高频振幅残差剖面上表现为明显的正异常特征，因此，提取出这一频谱差异正异常，可以定量地表现含油饱和储层的平面展布。典型水井的含水饱和储层段表现为高频异常特征，在低频高频振幅差剖面上表现为负异常的特征。因此，提取出这一频谱差异的负异常，可以定量地表现含水饱和储层的平面展布，实现油定量化描述。

图 7-2-11 是过高产油井 XK404 井和出水井 XK402 井的连井地震剖面和相应的低高频分频振幅差剖面，高产油井 XK404 井和出水井 XK402 井在频谱分解属性上表现出明显的差异，高产油井 XK404 井下方出现明显的低频阴影现象，而出水井 XK402 井下方无低频阴影现象，存在较强的高频异常。

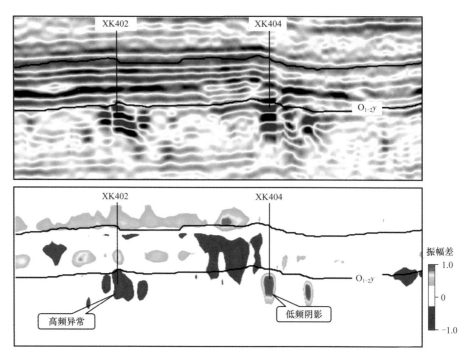

图 7-2-11　过 XK404 和 XK402 井地震剖面和分频振幅差剖面

频谱分解属性体提取的低频阴影和高频异常的平面分布如图 7-2-12 所示。在高产油井 XK404 井周围，存在较大面积的低频阴影异常，而在出水井 XK402 井周围则无低频阴影的分布，存在较强的高频异常，但分布较局限，面积较小。并且，储能系数预测结果也指示 XK404 井储层大面积发育，厚度大且连通性好，共同验证了该井的高产。

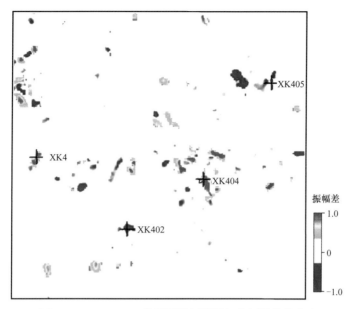

图 7-2-12　XK404 井周围低频阴影与高频异常的分布

参考文献

陈康, 吴仕虎, 冉崎, 等, 2021. 井震精细标定影响因素分析及对策——以川中高磨地区震旦系灯影组为例 [J]. 天然气勘探与开发, 44 (4): 23-35.

陈彦虎, 毕建军, 邱小斌, 等, 2020. 地震波形指示反演方法及其应用 [J]. 石油勘探与开发, 47 (6): 1149-1158.

陈彦虎, 陈佳, 2019. 波形指示反演在煤层屏蔽薄砂岩分布预测中的应用 [J]. 物探与化探, 43 (6): 1254-1261.

褚玉环, 刘清华, 王宝, 等, 2009. 拉冬变换压制多次波技术在大庆探区的应用 [J]. 大庆石油地质与开发, 28 (6): 325-327.

戴晓峰, 徐右平, 王浩, 等, 2020. 多层迭代多次波压制技术 [C]. SPG/SEG 南京 2020 年国际地球物理会议论文集 (中文), 345-348.

戴晓峰, 张明, 江青春, 等, 2017. 四川盆地中部下二叠统茅口组岩溶储集层地震预测 [J]. 石油勘探与开发, 44 (1): 79-88.

戴晓峰, 张明, 2016. 强反射屏蔽下薄层弱反射地震能量恢复方法及装置. 中国, 201610708477.4 [P]. 2016-8-23.

甘利灯, 肖富森, 戴晓峰, 等, 2018. 层间多次波辨识与压制技术的突破及意义——以四川盆地 GS1 井区震旦系灯影组为例 [J]. 石油勘探与开发, 45 (6): 960-971.

高计县, 唐俊伟, 张学丰, 等, 2012. 塔北哈拉哈塘地区奥陶系一间房组碳酸盐岩岩心裂缝类型及期次 [J]. 石油学报, 33 (1): 64-73.

高君, 毕建军, 赵海山, 等, 2017. 地震波形指示反演薄储层预测技术及其应用 [J]. 地球物理学进展, 32 (1): 142-145.

谷志东, 汪泽成, 2014. 四川盆地川中地块新元古代伸展构造的发现及其在天然气勘探中的意义 [J]. 中国科学: 地球科学, (10): 2210-2220.

顾家裕, 1999. 塔里木盆地轮南地区下奥陶统碳酸盐岩岩溶储层特征及形成模式 [J]. 古地理学报, (1): 54-60.

韩慧芬, 2017. 四川盆地上震旦统灯四段气藏提高单井产量的技术措施 [J]. 天然气工业, 37 (8): 40-47.

韩卫雪, 周亚同, 池越, 2018. 基于深度学习卷积神经网络的地震数据随机噪声去除 [J]. 石油物探, 57 (6): 862-869+877.

胡天跃, 王润秋, White R E, 2000. 地震资料处理中的聚束滤波方法 [J]. 地球物理学报 (1): 105-115.

金民东, 2017. 高磨地区震旦系灯四段岩溶型储层发育规律及预测 [D]. 成都: 西南石油大学.

金之钧, 2011. 中国海相碳酸盐岩层系油气形成与富集规律 [J]. 中国科学: 地球科学, 41 (7): 910-926.

康玉柱, 2005. 中国海相油气田勘探实例之四——塔里木盆地塔河油田的发现与勘探 [J]. 海相油气地质 (4): 31-38.

匡伟康, 胡天跃, 段文胜, 等, 2020. 基于自适应变步长波场延拓的可控层分阶层间多次波模拟 [J]. 地球物理学报，63（5）：2043-2055.

李海山，杨午阳，田军，等，2014.匹配追踪煤层强反射分离方法［J］.石油地球物理勘探，49（5）：866-870，818.

李金磊，陈祖庆，王良军，等，2017.相控技术在低勘探区生屑滩相储层预测中的应用［J］.岩性油气藏，29（3）：110-117.

李曙光，徐天吉，甘其刚，等，2010.频率域小波变换分频处理在川西地震勘探中的应用［J］.石油物探，49（5）：500-503，19.

李新豫，欧阳永林，包世海，等，2016.四川盆地川中地区须家河组气藏地震检测［J］.天然气地球科学，27（12）：2207-2215.

李志娜，2005.多次波分离与成像方法研究［D］.中国石油大学（华东）.

李钟晓，高好天，孙宁娜，等，2020.深度学习驱动的多次波自适应相减方法［C］.2020年中国地球科学联合学术年会.

刘伊克，刘学建，张延保，2018.地震多次波成像［J］.地球物理学报，61（3）：1025-1037.

陆基孟，1993.地震勘探原理（上）［M］.东营：石油大学出版社：164-172.

马良涛，范廷恩，王宗俊，等，2021.不同地质条件下反演低频模型构建方法分析［J］.地球物理学进展，36（2）：625-635.

马新华，杨雨，文龙，等，2019.四川盆地海相碳酸盐岩大中型气田分布规律及勘探方向［J］.石油勘探与开发，46（1）：1-13.

马永生，何登发，蔡勋育，等，2017.中国海相碳酸盐岩的分布及油气地质基础问题［J］.岩石学报，33（4）：1007-1020.

邱娜，2012.地震子波分解与重构技术研究［D］.青岛：中国海洋大学.

佘刚，周小鹰，王箭波，2013.多子波分解与重构法砂岩储层预测［J］.西南石油大学学报（自然科学版），35（1）：19-27.

宋欢，毛伟建，唐欢欢，2021.基于深层神经网络压制多次波［J］.地球物理学报，64（8）：2795-2808.

宋家文，Verschuur D J，陈小宏，等，2014.多次波压制的研究现状与进展［J］.地球物理学进展，29（1）：240-247.

孙夕平，于永才，张明，等，2021.地层型油气藏储层地震识别配套技术［C］.第四届油气地球物理学术年会，308-311.

唐杰，孟涛，张文征，等，2020.利用基于深度学习的过完备字典信号稀疏表示算法压制地震随机噪声［J］.石油地球物理勘探，55（6）：1202-1209.

童亨茂，2004.储层裂缝描述与预测研究进展［J］.新疆石油学院学报（2）：9-13+1.

汪泽成，姜华，王铜山，等，2014.上扬子地区新元古界含油气系统与油气勘探潜力［J］.天然气工业，34（4）：27-36.

王兴志，2000.震旦系上统灯影组微生物细菌白云岩及对储层发育的控制——以四川盆地西南部灯影组为例［R］.西南石油大学：1-150.

魏超，郑晓东，李劲松，2011.非线性AVO反演方法研究［J］.地球物理学报，54（8）：2110-2116.

肖富森，陈康，冉崎，等，2018.四川盆地高石梯地区震旦系灯影组气藏高产井地震模式新认识［J］.天然气工业，38（2）：8–15.

肖为，但志伟，方中于，等，2017.相控多信息融合建模反演方法在 HZ 地区碳酸盐岩储层预测中的应用［J］.物探化探计算技术，39（3）：395–403.

谢军，郭贵安，唐青松，等，2021.超深古老白云岩岩溶型气藏高效开发关键技术——以四川盆地安岳气田震旦系灯影组气藏为例［J］.天然气工业，41（6）：52–59.

严鸿，商绍芬，张铭，等，2020.安岳气田高石梯区块上震旦统灯四段气藏动态监测及认识［J］.天然气技术与经济，14（4）：5–11.

杨昊，2017.抗假频的地震数据插值方法和装置：中国，201710839118.7［P］.2017-9-18.

杨昊，戴晓峰，甘利灯，等，2017.反射率法正演模拟及其在多次波识别中的应用——以四川盆地川中地区为例.中国石油学会 2017 年物探技术研讨会论文集：310–313.

杨昊，2012.一种针对地震叠前道集的同相轴精细拉平处理方法：中国，201210363749.3［P］.2012-9-26.

杨跃明，文龙，罗冰，等，2016.四川盆地乐山—龙女寺古隆起震旦系天然气成藏特征［J］.石油勘探与开发，43（2）：179–188.

杨跃明，杨雨，杨光，等，2019.安岳气田震旦系、寒武系气藏成藏条件及勘探开发关键技术［J］.石油学报，40（4）：493–508.

殷积峰，李军，谢芬，等，2007.波形分类技术在川东生物礁气藏预测中的应用［J］.石油物探（1）：53–57，73，15.

余果，李海涛，方一竹，等，2021.安岳气田 GS1 井区上震旦统灯四段气藏开发效果［J］.天然气技术与经济，15（3）：21–28.

张健，沈平，杨威，等，2012.四川盆地前震旦纪沉积岩新认识与油气勘探的意义［J］.天然气工业，32（7）：1–5.

张玮，2018.中国碳酸盐岩油气藏地震勘探技术与实践［M］.北京：石油大学出版社：147–148.

张宇飞，苑昊，2015.陆上多次波识别与压制［J］.岩性油气藏，27（6）：104–110.

赵邦六，雍学善，高建虎，等，2021.中国石油智能地震处理解释技术进展与发展方向思考［J］.中国石油勘探，26（5）：12–23.

赵文智，沈安江，潘文庆，等，2013.碳酸盐岩岩溶储层类型研究及对勘探的指导意义——以塔里木盆地岩溶储层为例［J］.岩石学报，29（9）：3213–3222.

郑兴平，沈安江，寿建峰，等，2009.埋藏岩溶洞穴垮塌深度定量图版及其在碳酸盐岩缝洞型储层地质评价预测中的意义［J］.海相油气地质，14（4）：55–59.

周晓越，甘利灯，杨昊，等，2020.利用叠前振幅和速度各向异性的联合反演方法［J］.石油地球物理勘探，55（5）：1084–1091+935.

周晓越，姜晓宇，甘利灯，2019.基于叠前振幅各向异性的裂缝反演方法［C］//中国石油学会 2019 年物探技术研讨会论文集，759–762.

周正，王兴志，谢林，等，2014.川中地区震旦系灯影组储层特征及物性影响因素［J］.天然气地球科学，25（5）：701–708.

朱超，刘占国，杨少勇，等，2018.利用相控分频反演预测英西湖相碳酸盐岩储层［J］.石油地球物理勘探，53（4）：832–841，656–657.

Berkhout A J, 2015. An outlook on the future of seismic imaging, Part Ⅱ: Full-Wavefiedld Migration [J]. Geophysical Prospecting, 62 (5): 931-949.

Brian Russell, Dan Hampson, Joong Chun, 1990a. Noise Elimination and The Radon Transform, Part1 [J]. The LeadingEdge, 9 (11): 18-23.

Brian Russell, Dan Hampson, Joong Chun, 1990b. Noise Elimination and The Radon Transform, Part2 [J]. The LeadingEdge, 9 (11): 31-37.

Castagna J P, Sun S, Siegfried R W, 2003. Instantaneous spectral analysis [J]. Plos One, 9 (10): e108224-e108224.

Dai X F, Gan L D, Yang H, 2020.Identifying and predicting multiples based on spread of velocity spectrum [J].Journal of Geophysics and Engineering, 17 (1): 89-96.

Dennis B Neff, 1995. 用正演模拟做砂岩和碳酸盐岩储层的振幅图分析 [J]. 刘传虎, 译国外油气勘探, 7 (4): 474-486.

E A, 1998. 与储层孔隙度和渗透率有关的纵波传播速度的变化 [J]. 殷德智, 译国外油气勘探: 112-115.

Foster D J, Mosher C C, 1992. Suppression of multiple reflections using the Radon transform [J]. Geophysics, 57 (3): 386-395.

Ikawa H, Mercado G M, Smith A, 2008. AVO application in a carbonate offshore oil field, U.A.E [J]. Eage Workshop on Marine Seismic Focus on Middle East & North Africa.

Ilya Tsvankin, 1997. Reflection moveout and parameter estimation for horizontal transverse isotropy [J]. Geophysics, 62 (2): 614-629.

Jin, Side, 2010.5D seismic data regularization by a damped least-norm Fourier inversion [J]. Geophysics, 75 (6): 103-111.

Kelamis P G, Verschuur D J, 1996. Multiple elimination strategies for land data [G]. Expanded Abstracts of 58th EAEG Annual International Meeting: B001.

Kelamis P G, Verschuur D J, 2000. Surface-related multiple elimination on land seismic data-Strategies via case studies [J]. Geophysics, 65 (3): 719-734.

Kennett B, 1979. Theoretical reflection seismograms for elastic media [J]. Geophysical Prospecting, 27: 301-321.

Lohmann K C, 1988. Geochemical patterns of meteoric diagenetic systems and their application to studies of paleokarst [J]. Paleokarst. New York: Springer, 58-80.

Mahmoud S L, Othman A A, Soroka W L, et al, 2009. Fluid Discrimination Applying AVA Potentiality for Carbonate Reservoir in UAE [C] // IPTC 2009: International Petroleum Technology Conference.

Otsu N, 1979. A threshold selection method from gray-level histograms [J]. IEEE Transactions on Systems, Man, and Cybernetics, 9 (1): 62-66.

Rüger A, 1997. P-wave reflection coefficients for transversely isotropic models with vertical and horizontal axis of symmetry [J]. Geophysics, 62 (3): 713-722.

Sengbush R L, 1983.Seismic exploration methods [M].Boston, MA, United States: Int. Human Resour. Dev. Corp.: 125-128.

Sinha S, Routh P S, Anno P D, et al, 2005. Spectral decomposition of seismic data with continuous-wavelet transform [J] . Geophysics.

Trad D, 2009. Five dimensional seismic data interpolation [C] .2009 CSPG CSEG CWLS convention : 689-692.

Wang Yanghua, 2010.Multichannel matching pursuit for seismic trace decomposition [J] . Geophysics, 75 (4): 61-66.

Wapenaar K, Thorbecke J, van Der Neut J, et al, 2014. Marchenko imaging [J] . Geophysics.

Weglein A B, 1999. Multiple attenuation : an overview of recent advances and the road ahead (1999) [J] . The Leading Edge, 18 (1): 40-44.

Widess M B, 1973. How thin is a thin bed? [J] . Society of Exploration Geophysicists, 38 (6): 1176-1180.